Samah Mosbah Mohamed El-Sayed
Mohamed El-Hussiny Abd El-Salam
Magdy Mohamed Ahmed El-Sayed

Estudos sobre algumas vitaminas nos produtos lácteos

Samah Mosbah Mohamed El-Sayed
Mohamed El-Hussiny Abd El-Salam
Magdy Mohamed Ahmed El-Sayed

Estudos sobre algumas vitaminas nos produtos lácteos

Efeito da utilização de culturas adjuvantes na tiamina, riboflavina e piridoxina do iogurte

ScienciaScripts

Imprint

Any brand names and product names mentioned in this book are subject to trademark, brand or patent protection and are trademarks or registered trademarks of their respective holders. The use of brand names, product names, common names, trade names, product descriptions etc. even without a particular marking in this work is in no way to be construed to mean that such names may be regarded as unrestricted in respect of trademark and brand protection legislation and could thus be used by anyone.

Cover image: www.ingimage.com

This book is a translation from the original published under ISBN 978-613-8-50296-8.

Publisher:
Sciencia Scripts
is a trademark of
Dodo Books Indian Ocean Ltd. and OmniScriptum S.R.L publishing group

120 High Road, East Finchley, London, N2 9ED, United Kingdom
Str. Armeneasca 28/1, office 1, Chisinau MD-2012, Republic of Moldova, Europe
Printed at: see last page
ISBN: 978-620-8-17770-6

RESUMO

O leite e os produtos lácteos contêm várias vitaminas que contribuem para os valores nutritivos. Os níveis de vitaminas nos produtos lácteos são afectados por vários factores ambientais e condições de processamento. O objetivo do presente estudo foi explorar o estado das vitaminas de alguns produtos lácteos no mercado local.

Foram desenvolvidos dois métodos de HPLC. O primeiro foi utilizado para a determinação simultânea de retinol, β-caroteno e α-tocoferol e o segundo para a determinação de tiamina (B_1), riboflavina (B_2) e piridoxina (B_6).

As amostras de mercado de leite gordo UHT, leite em pó e processado, Ras, queijos de pasta mole e manteiga de leite de búfala foram todos caracterizados por baixos teores de β-caroteno e α-tocoferol, e os queijos continham menos retinol (em base de gordura) do que os outros produtos.

Além disso, amostras de mercado de leites UHT integrais e desnatados, iogurtes, leite em pó integral, queijos fundidos e queijos de pasta mole foram analisados em relação às vitaminas B_1, B_2 e B_6. Todas as amostras UHT continham menos riboflavina do que os outros produtos analisados e a vitamina B6 não foi detectada nos leites UHT.

O armazenamento UHT desnatado a baixas temperaturas e à temperatura ambiente revelou que as perdas significativas de B_1 e B_6 desapareceram após dois meses de armazenamento e que as perdas destas duas vitaminas foram quase as mesmas nos leites UHT gordo e desnatado, e que as perdas foram ligeiramente superiores à temperatura ambiente. A riboflavina mostrou boa estabilidade de armazenamento em ambos os leites UHT.

O iogurte foi produzido utilizando o probiótico *Bifidobacterium bifidum, Lacto bacillus plantarum* ou a sua mistura como adjuvantes de arranque. A utilização destas culturas aumentou o conteúdo de vitaminas B_1, B_2 e B6, mas ocorreram diminuições mensuráveis nas vitaminas B_1 e B_6 durante o armazenamento a frio, enquanto o conteúdo de riboflavina aumentou. No final do período de armazenamento, o iogurte fabricado com a utilização do fermento complementar apresentava um teor mais elevado de B_1, B_2 e B_6 do que o controlo. As culturas adjuntas adicionadas não tiveram qualquer efeito adverso na composição ou nas propriedades organolépticas do iogurte.

Palavras-chave: Tiamina, riboflavina, piridoxina, HPLC, produtos lácteos, iogurte, retinol, β-caroteno, α-tocoferol, propriedades organolépticas.

Índice

Capítulo 1   5

Capítulo 2   7

Capítulo 3   24

Capítulo 4   29

Capítulo 5   63

Capítulo 6   68

LISTA DE ABREVIATURAS

HPLC	High performance liquid chromatography
μg	Micro gram
μm	Micro meter
5-FmTHF	5-formyltetrahydrofolate
5-MeTHF	5-methyltetrahydrofolate
B. longum	*Bifidobacteriumlongum*
cfu	Colony forming units
ECM	Energy-corrected milk
GLM	General Linear Model
HDPE	High density polyethylene
IU	Internationalunit
KG	Kefir grains
KOH	Potassium hydroxide
L. bulgaricus	*Lactobacillusbulgaricus*
LAB	Lactic acid bacteria
LDL	Low density lipoprotein
LOD	Limit of detection
LOQ	Limit of quantification
mg	Milli gram
mL	Milli liter
ng	Nano gram
PAB	Propionic acid bacteria
PC	Polycarbonate
PE	Polyethylene
PET	Polyethylene terphathalete
PUFA	Poly unsaturated fatty acids
RDA	Recommended Dietary Allowance
RSD	Relative standard deviation
S. thermophilus	*Streptococcus thermophiles*

SE	Standard error
TCA	Trichloro acetic acid
TFA	Trifloro acetic acid
THF	Tetrahydrofolate
TiO_2	Titanium dioxide
TS	Total solid
UHT	Ultra-high temperature
UV	Ultra-violate

Capítulo 1

1. Introdução

Tradicionalmente, o leite tem sido considerado um alimento básico em muitas dietas. O leite é considerado uma bebida saudável e o consumo de produtos lácteos está associado à qualidade global da dieta. O leite constitui uma matriz de fácil acesso, rica numa grande variedade de nutrientes essenciais, como minerais, vitaminas e proteínas de fácil digestão com perfis de aminoácidos equilibrados, sendo por isso importante para apoiar o funcionamento geral do organismo. O consumo de produtos lácteos está também associado a efeitos benéficos para a saúde, para além do puro valor nutricional. A este respeito, as vitaminas são consideradas como um contributo importante para a imagem saudável do leite. Várias vitaminas lipossolúveis e hidrossolúveis são encontradas em altas concentrações no leite e nos produtos lácteos. Além disso, o leite contém algumas proteínas de ligação às vitaminas (por exemplo, proteínas de ligação ao folato e à vitamina B12) que aumentam a biodisponibilidade destas vitaminas.

O rácio entre a composição nutricional de um alimento e as necessidades nutricionais dos seres humanos é designado por densidade nutricional. As calorias são consideradas como o denominador mais adequado para comparar os valores nutricionais de vários alimentos. Dez das treze vitaminas presentes no leite apresentam uma elevada densidade nutricional.

O teor de vitaminas do leite é afetado por vários factores genéticos e ambientais, incluindo as espécies e raças animais, o período de lactação, a alimentação e a estação do ano. Além disso, as condições de transformação e armazenamento afectam de forma variável o teor de vitaminas dos produtos lácteos.

O controlo regular do teor de vitaminas do leite e dos produtos lácteos ao longo do tempo é efectuado em várias partes do mundo como parte da avaliação nutricional global dos produtos lácteos. Vários factores são responsáveis por estes estudos, nomeadamente

1- A melhoria contínua dos sistemas de alimentação animal, que pode ter efeitos negativos ou positivos sobre esses nutrientes.

2- A alteração das condições de transformação, acondicionamento e armazenagem que permite prolongar o prazo de validade dos produtos lácteos.

3- A utilização de fermentos e probióticos selecionados no fabrico de leite e queijo fermentados. Alguns destes fermentos são capazes de produzir algumas vitaminas.

4- O advento de métodos mais sensíveis para a análise de vitaminas permite obter resultados mais fiáveis.

No Egito, o sector do leite e dos produtos lácteos registou mudanças acentuadas nos sistemas de produção, transformação, embalagem e comercialização do leite durante as últimas três décadas. Isto reflecte-se provavelmente na qualidade e no valor nutritivo dos produtos lácteos comercializados. No que diz respeito ao estado das vitaminas nos produtos lácteos egípcios, foram efectuados muito poucos estudos utilizando os métodos clássicos de determinação das vitaminas.

Por conseguinte, o presente estudo foi planeado para explorar o estado das vitaminas nos produtos lácteos comercializados, utilizando os poderosos métodos de cromatografia líquida de alta resolução (HPLC).

Os resultados obtidos foram apresentados em quatro partes

Parte I: Determinação simultânea por HPLC de retinol, α-tocoferol e β-caroteno em produtos lácteos comercializados.

Parte II: Determinação simultânea por HPLC de tiamina, riboflavina e piridoxina em produtos lácteos comercializados.

Parte III: Estabilidade de armazenamento da tiamina, riboflavina e piridoxina no leite UHT.

Parte IV: Efeito da utilização de culturas adjuvantes na tiamina, riboflavina e piridoxina no iogurte.

Foram dedicadas partes separadas à revisão da literatura e aos materiais e métodos. Espera-se que os resultados obtidos aumentem o nosso conhecimento sobre o estado de algumas vitaminas lipossolúveis e hidrossolúveis nos produtos lácteos do mercado egípcio e que a indústria possa beneficiar destes resultados.

Capítulo 2

2. Revisão da literatura

2.1. Papel das vitaminas na saúde e na prevenção de doenças

As vitaminas são micronutrientes essenciais que se encontram normalmente em vários sistemas de enzimas que são necessários para as reacções bioquímicas vitais em todas as células vivas. Os seres humanos são incapazes de sintetizar a maioria das vitaminas; consequentemente, têm de ser obtidas exogenamente. **(LeBlanc *et al.*, 2011).**

Exemplos clássicos de doenças por carência de vitaminas são o escorbuto, o raquitismo, o beribéri e a pelagra. No entanto, as evidências das últimas décadas mostram claramente que o consumo insuficiente de algumas vitaminas é um fator de risco para algumas doenças crónicas, incluindo as principais causas de mortalidade e morbilidade, como as doenças cardiovasculares, as doenças cerebrovasculares, o cancro, a osteoporose e a hipertensão **(Halver, 2002).**

A vitamina A (retinol e seus derivados) e os carotenóides provitamina A são compostos lipossolúveis que desempenham um papel na manutenção e restauração das barreiras epiteliais, na estimulação da função imunitária e no aumento da resistência às infecções gastrointestinais e respiratórias **(Ross, 1992).** A diarreia, o sarampo e, nalguns estudos, as infecções respiratórias são causas comuns de deficiência de vitamina A nas crianças. Embora a maioria dos estudos **(Ross, 1992)** tenha indicado sintomas de que o estatuto de vitamina A não reduziu a incidência de doenças infecciosas, a gravidade de algumas infecções, especialmente as relacionadas com a diarreia, pode ser reduzida com a suplementação de vitamina A. A vitamina A presente no leite humano pode ajudar a reduzir a gravidade das infecções virais, uma vez que estas infecções parecem alterar o transporte e o metabolismo normais do retinol **(Ross e Stephensen, 1996)**

A vitamina A é um componente dos pigmentos da retina que tem um papel importante na visão com pouca luz. Afecta especialmente as crianças pequenas, entre as quais a carência de vitamina A pode causar xeroftalmia e levar à cegueira, limitar o crescimento, enfraquecer as defesas do hospedeiro, agravar as infecções e aumentar o risco de morte **(Zile, 2008)**

A vitamina E é outro membro das vitaminas lipossolúveis. É representada por quatro tocoferóis e quatro tocotrienóis de potência biológica variável. A vitamina E actua como um antioxidante biológico, protegendo os fosfolípidos vitais das membranas celulares e subcelulares da degeneração peroxidativa. Uma deficiência de vitamina E nos animais resulta numa variedade de condições patológicas que afectam os sistemas muscular, cardiovascular, reprodutivo e nervoso central, bem como o fígado, os rins e os glóbulos vermelhos. A diversidade destas doenças é atribuível aos efeitos secundários dos danos generalizados causados às membranas das células musculares e nervosas pela peroxidação lipídica. No entanto, existem diferenças acentuadas entre as espécies animais no que respeita à sua suscetibilidade a diferentes doenças por deficiência de vitamina E.

(Traber e Sies, 1996)

A vitamina E é por vezes adicionada ao leite gordo em pó e aos cereais de pequeno-almoço como suplemento para satisfazer as necessidades dietéticas. As necessidades de vitamina E aumentam com o aumento da ingestão de AGPI e, por isso, vários tipos de margarinas dietéticas de alta qualidade são enriquecidas com vitamina E. A ingestão elevada de AGPI deve ser acompanhada por uma ingestão correspondentemente elevada de vitamina E. Em geral, o teor total de vitamina E dos óleos animais e vegetais é paralelo ao seu teor de AGPI **(Shmulovich, 1994)**

Foi também proposto que os antioxidantes estão relacionados com um menor risco de doença cardíaca, uma vez que se pensa que o colesterol LDL oxidado é particularmente aterogénico **(Kayden e Traber, 1993)**. Vários estudos epidemiológicos anteriores, aparentemente bem conduzidos, sugeriram que o consumo de vitamina E poderia reduzir o risco de doença coronária. Além disso, presumia-se que a vitamina E protegia contra o cancro porque há muito se sabe que a oxidação desempenha um papel importante na carcinogénese **(Pryor, 1987)**. Os indivíduos que consumiam suplementos de vitamina E apresentavam um menor risco de cancro da bexiga **(Michaud *et al.*, 2002)**.

A deficiência de vitamina D nas crianças provoca raquitismo, em que os ossos não se desenvolvem corretamente e ficam deformados devido a uma deposição inadequada de cálcio e fósforo. A doença equivalente nos adultos chama-se osteomalácia. Embora esta doença se tenha tornado relativamente rara após a descoberta da vitamina D, começou a reaparecer, especialmente em indivíduos de pele escura que vivem em países que recebem pouca luz solar. No entanto, o raquitismo pode representar o extremo da deficiência de vitamina D. Além disso, vários estudos indicaram que uma maior ingestão total de vitamina D (dieta e suplementos) estava associada a um menor risco de cancro colorrectal **(Giovannucci, 2005)**.

A vitamina K é uma vitamina lipossolúvel, conhecida como a vitamina da coagulação, porque sem ela o sangue não coagularia. As pessoas com deficiência de vitamina K têm geralmente maior probabilidade de ter nódoas negras e hemorragias. Além disso, a vitamina K é essencial nas reacções químicas que estabelecem ligações cruzadas entre proteínas ósseas importantes, pelo que a carência de vitamina K pode contribuir para aumentar o risco de osteoporose **(Binkley e Suttie, 1995)** e existem provas de que a filoquinona desempenha um papel de fator alimentar protetor contra as fracturas da anca nos idosos. Verificou-se que um consumo mais elevado de vitamina K estava associado a um risco reduzido de fracturas da anca. As mulheres que comiam uma porção de alface ou de outros vegetais de folha verde por dia tinham cerca de metade do risco de sofrer uma fratura da anca do que as que os consumiam apenas uma vez por semana **(Feskanich *et al.*, 1999)**.

A tiamina, na forma de difosfato de tiamina (também conhecido como pirofosfato de tiamina), serve de coenzima a várias enzimas envolvidas no metabolismo dos hidratos de carbono e dos aminoácidos. Por conseguinte, verifica-se um aumento das necessidades de tiamina em situações em que o metabolismo está aumentado, por exemplo, durante uma atividade muscular elevada, na gravidez e na lactação, bem como durante a febre prolongada e o hipertiroidismo **(De Ritter, 1982)**.

A doença clássica resultante de uma deficiência grave de tiamina no ser humano é o beribéri, que se manifesta como um quadro complicado de perturbações neurológicas e cardiovasculares. A carência de tiamina pode ocorrer em alcoólicos e foi sugerida a sua participação no cancro do cólon **(Bruce et al., 2003)**. Os sintomas de deficiência incluem fadiga, depressão, diminuição do funcionamento mental, cãibras musculares, náuseas e aumento do coração.

A riboflavina é o precursor do mononucleótido de flavina e do dinucleótido de adenina, que actuam como cofactores no metabolismo intermédio **(Capo-chichi et al., 2000)**. Além disso, a riboflavina desempenha um papel importante na produção de energia mitocondrial. Além disso, a suplementação com riboflavina foi considerada eficaz em alguns doentes com deficiência de complexos **(Scholte et al., 1995)**. Observou-se uma melhoria do tónus muscular e da capacidade de exercício com o consumo de riboflavina, o que sugere que a riboflavina é um aditivo promissor no tratamento das miopatias **(Marriage et al., 2003)**.

Os sinais de deficiência de riboflavina incluem lesões na cavidade oral, nos lábios e no ângulo da boca (queilose), inflamação da língua (glossite) e dermatite seborreica associada. Em casos graves de deficiência de riboflavina, as papilas filiformes da língua perdem-se e a língua muda de cor, passando do rosa habitual para o magenta. Foi registada anemia e aumento da vascularização do olho em alguns animais com deficiência de riboflavina **(Rucker e Morris 1997)**.

Em termos de nutrição, as vitaminas B folato, B-12 e B-6 são as mais importantes para o metabolismo da homocisteína. A vitamina B6 tem sido menos estudada em relação ao cancro do que o folato. Foi também demonstrado que os folatos reduzem as concentrações de homocisteína no sangue, desempenhando assim possivelmente um papel na prevenção das doenças cardíacas **(Verhoef et al., 1998)**.

No entanto, estudos recentes sugerem que a vitamina B6 pode ser um fator importante para o cancro colorrectal **(Giovannucci, 2005)**. A utilização a longo prazo de suplementos multivitamínicos contendo ácido fólico está associada a uma redução de 20-70% do risco de cancro do cólon **(Giovannucci et al., 1995)**. Além disso, a ingestão ou o metabolismo inadequados de folato podem contribuir para a carcinogénese noutros locais **(Prasad et al., 1992)**.

A vitamina B6 é uma coenzima necessária para um grande número de enzimas que estão envolvidas não só no metabolismo dos aminoácidos, mas também nas vias metabólicas dos lípidos e dos hidratos de carbono **(Shane, 2000)**. Além disso, a vitamina B6 tem uma vasta gama de funções em muitos sistemas do organismo, incluindo o sistema imunitário, o sistema nervoso, a gluconeogénese, o metabolismo lipídico, a função eritrocitária, a modulação hormonal, a expressão genética e a formação de niacina **(Cheng et al., 2006)**

Observou-se também que o consumo de piridoxina reduz o colesterol total plasmático e o colesterol das lipoproteínas de baixa densidade em pacientes ateroscleróticos **(Brattstrom et al., 1990)**. Em doentes com insuficiência renal crónica, o tratamento com piridoxina induziu uma diminuição significativa dos níveis de colesterol total e de triglicéridos **(De Gomez et al., 2003)**.

Muitas observações sublinharam que a deficiência de vitamina B6 estava claramente associada a um maior risco de doença cardiovascular **(Friso *et al.*, 2004).**

O folato é uma vitamina importante que está envolvida na transferência de um carbono em vários sistemas enzimáticos. O folato desempenha um papel vital nos processos celulares que são essenciais para o desenvolvimento e viabilidade do feto. A importância do folato durante a gravidez é sublinhada pelas recentes descobertas de que a suplementação da vitamina pode reduzir a incidência de defeitos do tubo neural **(Butterworth e Bendich, 1996).**

A cobalamina (vitamina B12) é um cofator essencial envolvido na síntese de metionina a partir da homocisteína e de succinil CoA a partir de metilmalonil CoA. Uma vez que o metabolismo da vitamina B12 e do folato estão inter-relacionados, a compreensão do mecanismo de transferência transplacentária de B12 é especialmente importante. Níveis reduzidos de vitamina B12 no plasma têm sido associados a atraso no crescimento intrauterino, tanto em seres humanos como em animais **(Baker *et al.*, 1981).**

A deficiência de vitamina C é conhecida há muitos séculos como escorbuto, caracterizado por hemorragias, perda de cabelo e de dentes, dores e inchaço nas articulações. A doença pode ser prevenida com uma dose diária de 10 mg de vitamina C. Os sintomas de deficiência incluem cicatrização prolongada de feridas, infecções frequentes, articulações inchadas ou dolorosas, hemorragias nasais e anemia. Embora o ascorbato esteja presente na fase aquosa, pode proteger as membranas e as lipoproteínas dos danos oxidativos através da eliminação eficaz dos radicais iniciadores da peroxidação lipídica na interface água-lípido **(Frei *et al.*,1989).**

2.2. Variações do teor de vitaminas no leite cru durante a lactação

Csapo *et al.* (1995) verificaram que os teores de vitaminas A, D_3 , K_3 e C no colostro (0,88, 0,0054, 0,043, 3,8 mg/kg, respetivamente) eram 1,4-2,6 vezes superiores aos seus níveis no leite normal (0,34, 0,0032, 0,029, 17,2 mg/kg, respetivamente). Verificaram que não havia diferença significativa entre os teores de vitamina E do colostro e do leite (1,342 e 1,128 mg/kg, respetivamente).

Indyk e Woollard (1995) aplicaram técnicas de cromatografia líquida na estimativa de filoquinona em níveis endógenos no leite de vacas exclusivamente alimentadas com pasto. A variação temporal variou entre 3,1 e 6,9 µg/liter (média, 4,4 µg /litro) ao longo da estação de produção e foi independente do teor de gordura do leite. Um único animal também foi estudado em série durante 35 dias de lactação. Níveis elevados de vitamina K foram medidos no colostro inicial (> 20 µg/litro), enquanto os níveis normais (4,0-6,6 µg/litro) foram estabelecidos após o dia 5 do leite de transição. Verificou-se que o leite de vaca contém um teor mais elevado de vitamina K, em comparação com o leite humano (2,7 ± 0,3 µg/litro).

Csapoet *al.* (1996) demonstraram que as concentrações de vitaminas A, D_3 ,E, K e C no colostro eram de 1,61, 0,015, 3,69, 0,092 e 68,4 mg/kg, respetivamente, e, com exceção da vitamina

K, eram 1,5-2,0 vezes superiores aos seus níveis no leite do final da lactação (0,92, 0,009, 2,53, 0,089 e 45,3 mg / kg). As concentrações destas vitaminas no leite de porca eram 2-3 vezes superiores às do leite de vaca. Não houve diferenças significativas entre raças ou interação entre raças e datas de amostragem relativamente à composição do colostro e das amostras de leite.

Gokttirtik *et al.* **(2002)** confirmaram que os teores de vitaminas A e E e a cor da manteiga variavam com as estações do ano. Os valores mais elevados foram observados durante a época de alimentação das pastagens (junho, julho, agosto e setembro), uma vez que as vitaminas A e E e a cor da manteiga dependiam da alimentação. As elevadas correlações encontradas entre as vitaminas A e E e entre estas vitaminas e a cor podem ser explicadas pelo facto de a erva fresca conter mais caroteno e tocoferol.

Debier *et al.* **(2005)** relataram que o colostro contém concentrações muito altas de vitaminas A e E em comparação com o leite maduro. A transferência de ambos os nutrientes para o leite não parece ocorrer através de um mecanismo passivo após a transferência de lípidos. A administração de suplementos às mães gestantes e lactantes parece melhorar os níveis de vitamina E no leite e no soro dos recém-nascidos. O mesmo fenómeno é também observado para os níveis de vitamina A no leite. Contudo, o efeito nos jovens parece ser menos evidente.

Kondyli *et al.* **(2007)** recolheram amostras de leite de cabra de raças autóctones gregas na área de Ioannina, no Noroeste da Grécia, durante uma lactação e analisaram-no quanto às vitaminas A, E, B_1, B_2, e C. Verificaram que a concentração média das vitaminas lipossolúveis retinol (A) e α-tocoferol (E) era de 0,013 e 0,121 mg/100 ml, respetivamente. A concentração média das vitaminas hidrossolúveis tiamina (B_1), riboflavina (B_2) e ácido ascórbico (C) era de 0,112, 0,260 e 5,48 mg/100 ml, respetivamente. Foram observadas variações sazonais para todas as vitaminas estudadas. A tiamina apresentou concentrações significativamente ($P < 0,05$) mais elevadas durante o verão do que no inverno e no início da primavera. As variações observadas nas vitaminas estudadas podem ser atribuídas às diferenças na alimentação das cabras durante a lactação.

Yasmin *et al.* **(2012)** avaliaram as localidades e a variação sazonal de gordura, proteína, lactose e vitaminas (A, E, C) no leite (mistura de leite de vaca e de búfala) disponível para processamento em Punjab, Paquistão, durante abril de 2008 a março de 2009. Os teores de gordura, proteína e lactose do leite de todas as zonas variaram significativamente ao longo da estação. Além disso, os teores de gordura (5,4%) e proteína (3,22%) foram elevados em fevereiro, enquanto o teor máximo de lactose (6,26%) foi observado em janeiro. Adicionalmente, os teores mínimos de gordura (4,3%), proteína (2,3%) e lactose (4,93%) foram observados nos meses de verão. O teor mais elevado de vitamina C (6,68 mg/100 g) do leite foi registado em fevereiro, enquanto que a vitamina A (264,5 UI/100) e a vitamina E (0,226 mg/100 g) foram obtidas em agosto e junho, respetivamente. Verificou-se que os teores de vitamina A e E eram elevados em agosto e, subsequentemente, diminuíram até março.

2.3. Teor de vitaminas do leite e dos produtos lácteos

Zedan (1982) fabricou queijo Domiati e armazenou-o à temperatura ambiente durante 12 semanas. A média do conteúdo de vitamina B_1 e B_2 nos queijos resultantes foi de 0,041, 0,014, 0,011, 0,012 mg /100g e 0,168, 0,223, 0,213, 0,182 mg /100g no queijo fresco, 4, 8 e 12 semanas de armazenamento, respetivamente. Quando o queijo foi armazenado no frigorífico, o teor de vitamina B_1 e B_2 atingiu 0,016 e 0,358 mg/100g após 8 semanas de armazenamento.

Khattab e Zaki (1986) analisaram dez amostras de cada queijo Kareish e Domiati recolhidas nos mercados de Alexandria para determinar os teores de niacina, B_{12} e ácido fólico. O valor médio e o intervalo de niacina, B_{12} e ácido fólico no queijo Domiati foram 17,63 (15,02-20,0), 1,82 (1,52-2,2), 0,83 (0,75-0,89)μg/100g e 2,5 (2,3-2.9) μg100g, respetivamente, enquanto os valores correspondentes no queijo Kareish foram 34,34 (31,2-40,0), 1,32 (1,1-1,8),0,15 (0,130,18) e 3,1 (2,8-4,2) μgZ100g. A pasteurização do leite diminuiu estas vitaminas em cerca de 512%, enquanto a coagulação do queijo Kareiesh utilizando fermentos lácticos causou uma diminuição de cerca de 34% na niacina, 32% na biotina e 47% no B_{12} devido à utilização destas vitaminas pelos fermentos lácticos. Os decréscimos correspondentes na coalhada do queijo Domiati foram de 3%, 6% e 4,5%, respetivamente. Apenas o ácido fólico foi sintetizado até ao conteúdo de 50% do seu original no leite no queijo Kareish e 3% no queijo Domiati. Além disso, a drenagem do soro de leite causou uma perda de cerca de 35% destas vitaminas no soro de leite. Registou-se um ligeiro aumento de niacina, biotina e B_{12} durante o armazenamento do queijo Kareish durante 2 dias e a maturação do queijo Domiati durante 1 e 2 meses.

Scott e Bishop (1986) relataram que o leite de vaca pasteurizado a retalho de vitamina Cin era muito semelhante ao encontrado no leite fresco da fábrica de transformação. Os níveis de vitamina C total e de ácido fólico no leite UHT de nata completa eram insignificantes; a vitamina B_6 e a vitamina B_{12} eram, respetivamente, 73 e 56% dos níveis no leite pasteurizado. Exceptuando o ácido nicotínico, o ácido pantoténico e a biotina, os níveis de vitaminas no leite esterilizado eram inferiores aos do leite pasteurizado, particularmente a vitamina C, o ácido fólico e a vitamina B_{12} . Quando comparados numa base de diluição equivalente, a vitamina B_6 , a tiamina, o ácido fólico e, especialmente, a vitamina B_{12} no leite evaporado eram inferiores aos do leite de vaca pasteurizado, enquanto que no leite condensado completo apenas a vitamina B_6 era particularmente baixa. Com exceção da vitamina B_{12} , as vitaminas C, B_6 e o ácido fólico no leite desidratado por pulverização reconstituído eram semelhantes aos do leite de vaca pasteurizado. Os teores no leite desidratado por pulverização "de arquivo" eram, em média, **70%** dos teores no leite desidratado normal. Para além da vitamina B_{12} , os níveis de vitaminas B no iogurte eram geralmente mais elevados do que no leite pasteurizado, especialmente o ácido fólico. Os níveis de vitamina B_{12} e de ácido fólico no leite de cabra eram apenas 22 e 11%, respetivamente, dos do leite de vaca, mas o nível de ácido nicotínico era quatro vezes superior. O nível de vitamina Cin no leite de ovelha cru era cerca de cinco vezes superior ao do leite de vaca pasteurizado e entre 1,3 e 5,2 vezes superior ao das vitaminas B, exceto o ácido fólico.

Abd El-Tawab *et al.* (1988) investigaram a composição química, bem como o valor nutritivo do queijo karish - (leite desnatado de coagulação ácida do tipo macio). Descobriram que o queijo karish provou ser uma fonte boa e barata de proteínas, cálcio, fósforo e vitamina B_2 mas pobre em energia. Os nutrientes numa porção de 100g de queijo fresco eram: 87,88 Cal.; 17,23g de proteína; 180mg de Ca; 160 mg de P; 0,046 mg de vitamina B_1 e 0,337 mg de vitamina B_2 , enquanto os nutrientes fornecidos por 100g de queijo fresco cobririam: 3,25% de energia; 30,77% de proteínas; 20,45% de cálcio; 20,0% de fósforo; 4,57% de vitamina B_1 e 21,06% de vitamina B_2 das necessidades diárias dos adultos.

Scott e Bishop (1988a) investigaram as diferenças nos processos de fabrico de queijo e o período de maturação subsequente sobre os níveis de vitaminas no queijo acabado. Uma percentagem variável de vitamina B e vitamina C originalmente encontrada no leite inicial foi perdida no soro. As concentrações das vitaminas no queijo também foram sujeitas a alterações durante o período de maturação devido à sua utilização e síntese por microrganismos.

Scott e Bishop (1988b) estudaram o teor de vitaminas solúveis em água de cremes, gelados e batidos de leite para levar à venda a retalho no Reino Unido. A concentração de vitaminas solúveis em água nas natas reflectia, em diferentes graus, o nível de gordura e o tipo de tratamento térmico. As concentrações de vitaminas nos gelados lácteos e não lácteos eram geralmente semelhantes. As quantidades de vitaminas nos batidos de leite eram semelhantes às do leite pasteurizado.

Khattab (1991) verificou que o labneh comercial continha uma média e intervalos de niacina, B6, B12 e ácido fólico de 135 (93,2-184); 1,8 (1,3-2,6); 28,3 (23,5-36,1); 0,251 (0,205-0,292) e 4,35 (3,65-5,23) µg/100g, respetivamente. O teor de vitamina B do labneh diminuiu durante o fabrico, exceto o ácido fólico que aumentou. A adição de *propionibacterium freudenreichii var shermanii* à cultura normal aumentou a vitamina B_{12} e o ácido fólico em aproximadamente 21 e 28%, respetivamente, em relação ao seu nível normal no labneh, enquanto os níveis das outras vitaminas aumentaram ligeiramente. O armazenamento do labneh durante 3 e 10 dias a 5-7°C não afectou marcadamente o nível de vitaminas.

Herrero-Barbudo *et al.* (2005) determinaram as formas naturais e adicionadas de vitamina A (trans-retinol, ésteres de retinilo e β-caroteno) e vitamina E (α-tocoferol, γ-tocoferol, acetato de tocoferilo) em produtos lácteos disponíveis no mercado. Verificaram que os ésteres de retinilo, o β-caroteno e o α-tocoferol se encontravam habitualmente nos produtos lácteos naturais, enquanto o retinilo e o acetato de α-tocoferilo se encontravam na maioria dos produtos enriquecidos com vitaminas. A luteína, a zeaxantina e o α-tocoferol foram encontrados em produtos contendo ovos e óleos, respetivamente. O acetato de α-tocoferilo foi encontrado em todos os produtos lácteos fortificados com vitaminas analisados, enquanto que o acetato de retinilo estava presente apenas em leites fluidos mas não em margarinas. Nos produtos lácteos disponíveis comercialmente em Espanha, os teores de palmitato de retinilo e de α-tocoferol variam substancialmente, especialmente nos produtos lácteos com elevado teor de gordura e fortificados com vitaminas. Em comparação com as alegações dos rótulos nos produtos fortificados com vitaminas, predominou a sobrefortificação, embora a sobre e subfortificação das vitaminas A e E tenha ocorrido simultaneamente nos leites fluidos.

Hulshof *et al.* (2006) mediram o retinol e os carotenóides no leite e nos produtos lácteos neerlandeses utilizando uma abordagem validada baseada na extração completa da gordura, seguida de uma saponificação suave e de uma análise por cromatografia líquida de alta eficiência. O leite cru, o leite gordo, o leite meio gordo e a manteiga continham cerca de 10 mg de retinol e 6 g de carotenóides por g de gordura. Os valores de equivalentes de retinol no leite eram 10-20% mais elevados do que os valores publicados nas tabelas de composição alimentar holandesas. O β-caroteno representava 90% do total de carotenóides presentes no leite de vaca, contrariamente aos valores publicados para o leite humano, que apresentava uma distribuição mais equitativa dos carotenóides. O leite de inverno continha menos 20% de retinol e β-caroteno em comparação com o leite de verão. A retenção de retinol e β-caroteno por g de gordura no queijo duro foi de um terço a metade em relação ao leite cru correspondente. Nos produtos lácteos líquidos e semi-líquidos (leite pasteurizado, leitelho, creme de baunilha e iogurte) a retenção de ambos os compostos foi superior a 80%.

Jakobsen e Saxholt (2009) analisaram os teores de vitamina D3, 25-hidroxivitamina D3 (25OHD3), vitamina D2 e 25-hidroxivitamina D2 (25OHD2) em produtos lácteos. Amostras compostas de leite, natas e manteiga (1,5-80% de gordura) e leite biológico (3,5% de gordura). Os teores de vitamina D3 e 25OHD3 variaram de 4,6-196 ng /100 g e 4,2-96 ng /100 g, respetivamente. Para a vitamina D2, os valores, no leite e na manteiga, foram de 3,4 e 61 ng /100 g, respetivamente, e para a 25OHD2 foram de 3,1 e 58 ng /100 g, respetivamente.

Patterson *et al.* (2010) determinaram o conteúdo e a variabilidade da vitamina D3 do leite de retalho nos Estados Unidos com um nível de fortificação declarado de 400 UI (10 µg) por quarto (qt; 1 qt = 946,4 mL), que é 25% do valor diário por porção de 8 onças fluidas (236,6 mL). Em 2007, o leite fortificado com vitamina D3 (desnatado, 1%, 2%, integral e leite com chocolate com 1% de gordura) foi recolhido em 24 supermercados estatisticamente selecionados nos Estados Unidos. Das 120 amostras de leite adquiridas em 2007, 49% tinham vitamina D3 dentro de 100 a 125% de 400 UI (10 µg)/qt (valor do rótulo), 28% tinham 501 a 600 UI (12,5-15 µg)/qt, 16% tinham um nível abaixo da quantidade do rótulo, e 7% tinham mais de 600 UI (15 µg)/qt (>150% do rótulo). Embora o teor médio de vitamina D3 não tenha diferido estatisticamente entre os tipos de leite.

Mogensen *et al.* (2012) analisaram o conteúdo vitamínico das forragens grosseiras na colheita e durante o armazenamento e analisaram o conteúdo vitamínico do leite ao alimentar as vacas leiteiras com as forragens grosseiras. As forragens grosseiras produzidas em cinco explorações leiteiras biológicas foram monitorizadas na colheita e várias vezes durante o inverno como silagem armazenada. A ingestão diária de α-tocoferol foi de 876 mg por vaca - 431 mg de alimentos grosseiros, 89 mg de concentrados e 356 mg de um suplemento vitamínico. A produção de leite foi de 25,9 kg de leite corrigido pela energia (ECM) por vaca por dia com teores de α-tocoferol e β-caroteno (µg/ml) de 0,82 e 0,17, respetivamente. A produção de vitaminas no leite foi, dentro da exploração, positivamente correlacionada com o fornecimento de vitaminas a partir de alimentos grosseiros

Mohan *et al.* **(2013)** investigaram a capacidade das micelas de caseína no leite desnatado comercial de se associarem à vitamina A (palmitato de retinilo), uma vitamina lipossolúvel normalmente utilizada para fortificar o leite. As fracções de proteína do leite de diferentes amostras de leite desnatado comercialmente disponíveis sujeitas a diferentes tratamentos de processamento, incluindo leites pasteurizados, ultra-pasteurizados, pasteurizados orgânicos e ultra-pasteurizados orgânicos, foram separadas por cromatografia líquida de proteínas rápidas. As fracções de cada pico foram combinadas e liofilizadas. A análise de dodecil sulfato de sódio-PAGE com coloração de prata foi utilizada para identificar as proteínas presentes em cada uma das fracções. As amostras de leite desnatado e as fracções foram extraídas para a deteção de palmitato de retinilo e quantificadas em relação a um padrão utilizando HPLC de fase normal. Verificou-se que o palmitato de retinilo se associava à fração de leite desnatado que continha caseínas, ao passo que as outras proteínas (BSA, β-lactoglobulina, α-lactalbumina) não apresentavam qualquer ligação. O teor de palmitato de retinilo nas várias amostras variou de 1,59 a 2,48 µg de palmitato de retinilo por ml de leite. As fracções de caseína continham entre 14 e 40% do palmitato de retinilo total nos vários leites testados.

2.4. Efeito do tratamento térmico, da armazenagem, da luz e do material de embalagem no teor de algumas vitaminas do leite e dos produtos lácteos.

Stamberg e Theophilus (1945) descobriram que a homogeneização e a pasteurização aumentavam a fotoestabilidade da riboflavina. Eles expuseram o leite integral à luz solar por 2 h em garrafas transparentes e descobriram que as perdas foram de 27,6, 35,4 e 40,1% para o leite integral pasteurizado homogeneizado, leite integral pasteurizado e leite integral cru, respetivamente.

Ford *et al.***(1969)** não encontrou nenhuma perda de vitamina B6 durante o processamento de leite em temperatura ultra-alta (UHT), mas até 50% da vitamina foi perdida durante 90 dias de armazenamento. Era improvável que o processamento UHT (aquecimento a 110-112°C durante 15-20 min) fosse responsável por estas perdas durante o armazenamento, uma vez que foram encontradas perdas semelhantes durante o armazenamento com leite cru mantido a - 30°C.

De Man (1978) referiu que as perdas de riboflavina após a exposição dos recipientes de leite à luz fluorescente durante 48 h foram iguais a 16,6% para as caixas de cartão, 28,4% para as bolsas transparentes de polietileno (PE), 18,8% para os jarros de polietileno de alta densidade (PEAD) e 15,3% para os jarros pigmentados com 2% de TiO $_2$.

Archer e Tannenbaum (1979) relataram as seguintes perdas de vitamina B12 em leites aquecidos; fervidos durante 2-5 min 30%; pasteurizados durante 2-3 seg 7%; esterilizados na garrafa a 120°C durante 13 min 77%; esterilizados rapidamente a 143°C durante 3-4 seg com vapor sobreaquecido 10%; evaporados 70-90%; e secos por pulverização 20-35%.

Hoskin e Dimick (1979) relataram que as perdas de riboflavina após a exposição de recipientes de leite à luz fluorescente por 72 h foram iguais a 13% para garrafas transparentes de PC,

10% para garrafas de polietileno de alta densidade (HDPE), 10% para caixas de papelão e 6% para garrafas coloridas de PC. Não foi observada nenhuma perda significativa de riboflavina no leite mantido no escuro.

De Man (1981) determinou o teor de vitamina A do leite comercializado integral, com 2% de gordura e desnatado antes e depois da exposição a luz fluorescente com intensidade de 2200 lx durante 48 horas à temperatura do frigorífico. O leite foi embalado em bolsas de plástico. A vitamina A do leite integral caiu para 67,7% do seu conteúdo original após 30 h e permaneceu constante por mais 18 h. No leite com 2% de gordura caiu para 23,6% e no leite desnatado para 4,2% do conteúdo original. O leite a 2% tinha um teor original de vitamina A cerca de duas vezes superior ao do leite gordo ou desnatado.

LeMaguer e Jackson (1983) avaliaram o conteúdo e a estabilidade da vitamina A em leites fluidos fortificados. A destruição da vitamina por pasteurização ou tratamento direto a temperatura ultra-alta foi mínima. A vitamina permaneceu relativamente estável até e para além das datas de recolha codificadas das amostras de leite pasteurizado (12 dias) e processado a temperatura ultra-alta (3 meses) armazenadas a 4 e 20 ° C, respetivamente. O armazenamento de 2% de leite branco processado a temperatura ultra-alta a 35°C afectou negativamente a sua estabilidade vitamínica, nomeadamente após 12 semanas de armazenamento. As embalagens de leite branco e de leite achocolatado processados a temperatura ultra-alta a 2% que foram armazenados a 20 ou 35°C durante períodos variáveis, uma vez abertas, podem ser mantidas durante 12 dias a 4°C sem declínio apreciável da vitamina A.

Woollard e Edmiston (1983) monitorizaram a estabilidade da vitamina A no leite em pó gordo e magro fortificado armazenado à temperatura ambiente em saquetas de folha de alumínio laminado e selado a quente. As perdas de vitamina A após 6 meses variaram de 24 a 50%. Após 24 meses de armazenamento, as perdas de vitamina A nas amostras de leite em pó integral não foram muito maiores (24-66%). Em contraste, as duas amostras de leite em pó desnatado testadas perderam 93% e 95% de vitamina A após 6 meses, e 100% após 18 meses.

Woollard e Fairweather (1985) estudaram a estabilidade de armazenamento da vitamina A em 2% de leite UHT com baixo teor de gordura amostrado na altura do fabrico. O tratamento UHT foi um processo de aquecimento indireto (138°C durante 4 s) e o leite foi embalado assepticamente em caixas de cartão Tetrapak de 250 ml. A utilização de HPLC de fase normal em amostras não saponificadas permitiu que os ésteres de vitamina A natural (palmitato) e suplementar (acetato) fossem determinados independentemente. Ocorreram perdas de vitamina A natural e adicionada com o tempo. Em dois ensaios à temperatura ambiente, a vitamina A total diminuiu progressivamente até 15 semanas de armazenamento, altura em que as perdas foram de 33 e 45%. As perdas respectivas no prazo de validade do produto de 28 semanas foram de 35 e 47%. A uma temperatura tropical simulada (35°C), as perdas totais de vitamina A em dois ensaios aumentaram para 53 e 61% às 28 semanas.

Lau *et al.* **(1986)** prepararam amostras de leite com 0,15, 3, 6 e 10% de gordura e descobriram que a taxa de degradação do palmitato de retinol adicionado aumentava com a diminuição do teor de gordura. As concentrações finais de vitamina A no final de 3 semanas de armazenamento foram maiores no leite com alto teor de gordura e corresponderam de perto às concentrações nativas de vitamina A presentes nos leites com 3, 6 e 10% de gordura. A vitamina A natural, estando localizada nos glóbulos de gordura, estaria protegida do oxigénio. Por outro lado, o palmitato de retinilo adicionado, estando disperso na fase sérica, poderia ser preferencialmente oxidado devido ao maior contacto com o oxigénio.

McKarthy *et al.* **(1986)** examinaram a estabilidade da vitamina A em leite parcialmente desnatado (2% de gordura) fortificado e não fortificado, processado a temperatura ultra-alta, durante 15 semanas. Amostras de leite (armazenadas a 23 ± 2°C) foram analisadas semanalmente para palmitato de retinol e oxigénio dissolvido. Foram observadas perdas significativas de 71 e 73% em amostras replicadas de leite fortificado contendo vitamina A inicial de 119 e 91 /μg de retinil palmitato/100 ml, respetivamente. Uma amostra de leite não fortificado com vitamina A inicial de 86 /μg de palmitato de retinilo/100 ml apresentou uma perda de 62%, enquanto a amostra replicada com vitamina A inicial de 28 /μg de palmitato de retinilo/100 ml permaneceu inalterada durante o armazenamento. O oxigénio dissolvido em todas as quatro amostras de leite sofreu alterações significativas. Durante as primeiras 7 semanas, o oxigénio diminuiu ou permaneceu constante. Após 7 semanas, o oxigénio em todas as amostras aumentou de forma constante.

Bilic e Sieber (1988) não mostraram qualquer efeito significativo da pasteurização a 75-90 °C no teor de vitamina A do leite e não houve diferenças significativas na concentração de vitamina A entre os leites cru, pasteurizado e cozinhado.

Demel *et al.* **(1990)** não encontraram perdas nos teores de vitamina A, β-caroteno, vitamina B_1 ou B_2 do leite pasteurizado tratado com micro-ondas, mas uma perda de aproximadamente 17% para a vitamina E e 36% para a vitamina C.

Gubler (1991) registou uma perda de 9% de tiamina no leite pasteurizado, 20% no leite esterilizado, 30-35% na secagem por pulverização, 10% no leite seco por rolo e 40% no leite condensado.

Vidal-Valverde *et al.* **(1992)** estudaram os efeitos da temperatura e do tempo de armazenamento no teor de retinol de quatro amostras comerciais de leite UHT integral não fortificado, duas diretamente aquecidas e duas indiretamente aquecidas. Perdas significativas de retinol foram observadas após 1 mês de armazenamento a 30°C, geralmente aumentando com o tempo de armazenamento. O armazenamento congelado (-20°C) por até 60 dias não teve efeito sobre o conteúdo de retinol, mas após 4-8 meses houve uma diminuição significativa ($P < 0,05$) de 17-18%.

Wigertz e Jagerstad (1993) não encontraram diferenças significativas na biodisponibilidade relativa do folato entre leites processados (pasteurizado, tratado com UHT ou leite fermentado) e leite cru num bioensaio com ratos, sugerindo que a desnaturação da capacidade de ligação às proteínas não afecta a biodisponibilidade do folato do leite.

Munoz *et al.* **(1994)** relataram perdas de 16-23% no conteúdo de riboflavina do leite processado por UHT em caixas de polietileno abertas após 6 dias de armazenamento refrigerado. O leite exposto à luz sofreu uma grande perda de riboflavina devido à fotodegradação na gama de comprimentos de onda de 400-550 nm.

Rachel *et al.* **(1994)** expuseram o queijo tipo Edam à luz solar à temperatura ambiente e à luz fluorescente a 5 °C. A perda de vitamina B_2 (riboflavina) e de vitamina A foi monitorizada tanto na superfície como nas camadas interiores do queijo e os resultados foram comparados com amostras de controlo mantidas no escuro. Quando exposto à luz solar, a perda de riboflavina ocorreu principalmente na superfície, mas as perdas de vitamina A foram semelhantes em todo o queijo. Quando exposto à luz fluorescente a 5 °C, as perdas de riboflavina continuaram a ser maiores à superfície. As perdas de vitamina A seguiram padrões diferentes quando expostas à luz solar ou à luz fluorescente. Nalguns casos, ocorreu uma perda inicial homogénea em todo o queijo, mas, no caso da luz fluorescente, seguiu-se uma perda à superfície. O acondicionamento em vácuo reduziu as perdas de riboflavina, mas não teve qualquer efeito sobre a perda de vitamina A.

Saidi e Warthesen (1995) examinaram a influência do tratamento térmico e da homogeneização do leite na degradação fotocatalítica da riboflavina no leite. As amostras de leite foram aquecidas a 80, 100 e 120 °C e expostas à luz. O tratamento térmico do leite desnatado aumentou a fotoestabilidade da riboflavina. As grandes diminuições nas constantes de taxa de perdas de riboflavina em leites aquecidos em comparação com leites não aquecidos foram atribuídas à desnaturação das proteínas do soro. Outras diminuições nas constantes de taxa com tratamentos térmicos prolongados foram atribuídas a um aumento no tamanho das micelas de caseína e ao escurecimento. A homogeneização do leite integral aumentou ligeiramente a fotoestabilidade da riboflavina, mas as diferenças na pressão de homogeneização não tiveram efeito significativo na fotodegradação.

Indyk *et al.* **(1996)** avaliaram a estabilidade da vitamina D3 suplementar no leite seco por pulverização. Eles descobriram que as perdas através dos processos de pasteurização, evaporação de alta pressão e secagem eram estatisticamente insignificantes (P > 0,05). Recomendaram que o leite não deve ser exposto à luz durante o processamento e armazenamento para evitar a oxidação da vitamina D a um 5, 6-epóxido inativo por oxigénio singlete fotossensibilizado pela riboflavina.

Sierra e Vidal-Valverde (2001) observaram que os tratamentos térmicos (micro-ondas de fluxo contínuo, aquecimento convencional) de leite gordo (3,4% de gordura) e desnatado (0,5% de gordura) a 90°C não produziram perdas de vitamina B_1 ou vitamina B_6 (piridoxamina e piridoxal). No entanto, a temperaturas de 110 e 120 °C, enquanto o conteúdo de vitamina B_1 do leite permaneceu constante, o conteúdo de piridoxamina aumentou (4-5% e 9-11%, respetivamente) e o conteúdo de piridoxal diminuiu (5-6% e 9-12%, respetivamente).

Whited *et al.* **(2002) determinaram** os efeitos da exposição à luz na degradação da vitamina

A e no desenvolvimento de sabores oxidados pela luz. Amostras de leite integral, com teor reduzido de gordura e sem gordura foram expostas à luz fluorescente. Verificaram que ocorreram perdas mensuráveis de vitamina A às 2, 4 e 16 horas a 2000 lx para o leite magro, o leite magro reduzido e o leite gordo, respetivamente. Foram detectados sabores moderadamente oxidados pela luz após 4 h de exposição à luz (2000 lx) no leite gordo e com teor reduzido de gordura e após 8 h no leite magro. Os diferentes tipos de leite mostram uma diferença significativa nas pontuações relativas de sabor. Em 16 h a 2000 lx, o desenvolvimento relativo do sabor oxidado pela luz foi menor no leite magro do que no leite gordo ou com teor reduzido de gordura. A presença de gordura no leite parece proteger contra a degradação da vitamina A em produtos fluidos, mas afecta negativamente a qualidade do sabor do leite após exposição à luz.

Zygoura *et al.* **(2004)** armazenaram leite integral pasteurizado sob luz fluoroscente e refrigeração por um período de 7 dias. As garrafas feitas de polietileno de alta densidade (HDPE) pigmentado (TiO$_2$) com uma espessura de 550-600 µm protegeram eficazmente o leite contra a degradação da vitamina A e da riboflavina. Garrafas de politereftalato de etileno (PET) pigmentado (TiO$_2$) com uma espessura de 300-350 µm forneceram apenas uma proteção parcial, enquanto o PET transparente forneceu a menor quantidade de proteção do leite contra a degradação da vitamina A e da riboflavina.

Papachristou *et al.* **(2006)** estudaram as alterações químicas, microbiológicas e sensoriais em leite pasteurizado integral de qualidade superior armazenado a 4° C sob luz fluorescente durante um período de 13 dias. Os recipientes de leite testados incluíram garrafas feitas de (a) PET transparente + bloqueador de UV, 350-400 *µm* de espessura com um rótulo transparente, (b) PET transparente + bloqueador de UV, 350-400 *µm* de espessura com um rótulo de cor branca, (c) PET transparente 350-400 *µm* de espessura. O leite embalado em caixas de papelão revestido e armazenado nas mesmas condições experimentais serviu como amostra de "controlo comercial". As perdas de vitamina E registadas após 10 dias de armazenamento foram, respetivamente, de 42,7, 53,6 e 43,9% para as amostras embaladas em garrafas PET transparentes + protegidas contra UV, PET transparentes e amostras de controlo. As perdas respectivas para a riboflavina foram de 38,7, 52,5 e 35,0%. As perdas médias de vitamina A foram de 20,6% para todos os materiais de embalagem. O PET transparente + bloqueador de UV proporcionou uma proteção igual ou superior ao leite, em comparação com a embalagem de cartão. O PET transparente foi o menos eficaz na retenção de vitaminas sensíveis à luz. Com base nas curvas de transmissão espetral dos materiais de embalagem testados, sugeriram que a utilização de um agente bloqueador de UV em combinação com uma pigmentação de cor escura (azul, verde, etc.) na embalagem de leite fresco proporcionará uma melhor proteção das vitaminas sensíveis à luz nos casos em que o prazo de validade previsto para o leite exceda 5-6 dias.

Saffertet *al.* **(2006)** armazenaram leite gordo pasteurizado (3% de gordura) sob luz fluorescente a 8°C em garrafas transparentes de 1 litro de polietileno tereftalato (PET) e três variantes de garrafas PET pigmentadas com diferentes transmitâncias de luz. As alterações no teor de vitaminas foram monitorizadas durante um período de 10 dias. O leite embalado em garrafas PET pigmentadas com a menor transmissão de luz, que foi armazenado no escuro sob as mesmas condições experimentais, serviu como amostra de "controlo". Foram obtidos dados relativos aos teores de vitamina A (retinol), vitamina B_2 (riboflavina) e vitamina B_{12} (cobalamina). Nas garrafas PET transparentes, foi observada uma redução de 22% do teor inicial para a vitamina A e de 33% para a vitamina B_2, enquanto o teor de vitamina B_{12} permaneceu quase estável. Em todas as garrafas PET pigmentadas, a retenção de vitaminas foi significativamente mais elevada; as perdas foram de 0-6% para a vitamina A e de 11-20% para a vitamina B_2, dependendo do nível de pigmentação, em comparação com 6% para a vitamina A e não se verificou qualquer perda significativa para a vitamina B_2 na amostra de "controlo".

Saffert *et al.* (2007) estudaram o efeito da transmissão de luz da embalagem no conteúdo vitamínico do leite integral UHT. As alterações no conteúdo de vitamina A, B_2 e D_3 foram monitorizadas durante um período de armazenamento de 12 semanas a 23°C. As perdas de vitaminas A e B_2 foram mais pronunciadas nas garrafas PET completamente transparentes expostas à maior intensidade de luz. Nestas garrafas, uma redução da intensidade da luz reduziu a perda de vitamina A de 88 para 66%, enquanto que no caso da vitamina B_2 a decomposição completa foi apenas adiada de 4 para 8 semanas de armazenamento. As perdas de vitamina D_3 em garrafas PET transparentes eram quase independentes da intensidade da luz. Para as garrafas PET pigmentadas, o impacto da transmitância da luz da embalagem e da intensidade da luz diferiu para cada vitamina. Verificaram que o aumento da transmitância da luz da embalagem e da intensidade da luz era mais decisivo para a estabilidade da vitamina B_2. No caso da vitamina D_3, apenas o aumento da intensidade da luz foi considerado relevante, enquanto que para a estabilidade da vitamina A se observou claramente a influência do aumento da transmissão da luz da embalagem mas nenhum efeito da intensidade da luz. Nas amostras de controlo armazenadas no escuro, as vitaminas analisadas eram quase estáveis.

Saffert *et al.* (2009) avaliaram o efeito da transmitância da luz da embalagem no conteúdo vitamínico do leite UHT fortificado com baixo teor de gordura. O leite foi armazenado sob luz com uma intensidade de 700 lux em garrafas de politereftalato de etileno (PET) com transmitância de luz variável para monitorizar as alterações nos teores de vitamina A, B_2 e D_3 durante um período de armazenamento de 12 semanas a 23°C. O leite embalado em garrafas PET pigmentadas com a menor transmissão de luz, que foi armazenado no escuro sob as mesmas condições experimentais, serviu como amostra de "controlo". Nas garrafas PET transparentes, foi observada uma redução de 93% do teor inicial de vitamina A e de 66% de vitamina D_3, enquanto o teor de vitamina B_2 foi completamente degradado. Em todas as garrafas PET pigmentadas, a retenção de vitaminas foi apenas ligeiramente superior; as perdas variaram entre 70 e 90% para a vitamina A, entre 63 e 95% para a vitamina B_2, e entre 35 e 65% para a vitamina D_3 dependendo do nível de pigmentação. Na amostra de "controlo" armazenada na escuridão, foi possível observar uma perda de 16% para a vitamina A, enquanto o nível de vitaminas B_2 e D_3 permaneceu quase estável.

Hall *et al.* (2010) estudaram as actividades antioxidantes e o mecanismo do ácido ascórbico na oxidação da riboflavina no leite. O ácido ascórbico a 0, 100, 250, 500 ou 1000 ppm foi adicionado ao leite com ou sem adição de 50 ppm de riboflavina e armazenado à luz a 27°C. O oxigénio do espaço livre foi analisado por GC, o ácido ascórbico e a riboflavina foram determinados por HPLC. O oxigénio no espaço livre do leite com 50 ppm de riboflavina adicionada esgotou-se mais rapidamente do que o do leite sem riboflavina adicionada (p < 0,05). O ácido ascórbico diminuiu durante a armazenagem à luz e a riboflavina foi completamente destruída em 24 h. À medida que a concentração de ácido ascórbico aumentava, a perda de riboflavina diminuía. A riboflavina e o ácido ascórbico competiram na reação com o oxigénio singlete, que se formou na presença de riboflavina ao abrigo da luz. O ácido ascórbico protegeu a riboflavina no leite sob a ação da luz, reagindo com o oxigénio singlete.

Guneser e Yuceer (2012) investigaram e compararam os efeitos da luz UV e do tratamento térmico sobre as vitaminas A, B2, C e E no leite de vaca e de cabra. As vitaminas foram analisadas por cromatografia líquida de alta pressão de fase reversa. Os tratamentos com luz ultravioleta e pasteurização causaram perda de vitamina C no leite. A pasteurização não teve qualquer efeito significativo na vitamina B2. No entanto, o tratamento com luz UV diminuiu a quantidade de vitamina B2 após várias passagens do leite pelo sistema UV. Além disso, o tratamento com luz UV diminuiu a quantidade de vitaminas A e E. As vitaminas C e E são mais sensíveis à luz UV. As sensibilidades das vitaminas à luz UV foram C > E > A > B2. Estes resultados mostram que o tratamento com luz UV diminuiu o teor de vitaminas no leite. Além disso, o número de passagens pelo sistema UV e a quantidade inicial de vitaminas no leite foram factores importantes que afectaram o nível de vitaminas.

2.5. Produção bacteriana de vitamina do grupo B

A maioria das bactérias do ácido lático (BAL) e das Bifidobactérias são autotróficas para várias vitaminas, sendo atualmente bem conhecido que certas estirpes de bactérias têm a capacidade de sintetizar vitaminas B solúveis em água (folatos, riboflavina, tiamina, piridoxina e vitamina B12, entre outras) **(LeBlanc *et al.*,2011)**.

Reif *et al.* (1975) relataram que o queijo cottage continha, em média, 257 µg de niacina, 24 µg de vitamina B6, 2,1 µg de vitamina B12 e 40,6µg de ácido fólico por 100 g. Em geral, quanto maior o teor de vitaminas do leite desnatado, maior o teor de vitaminas da coalhada de queijo resultante. Para além disso, verificou-se que a cultura do queijo sintetizava algumas vitaminas B12 e ácido fólico durante o período de formação da coalhada. Embora quantidades consideráveis de vitaminas se tenham perdido no soro de leite durante o processo de fabrico, 16,0 a 63,7% da niacina, vitamina B6 e vitamina B12 foram retidas no queijo.

Kwan *et al.*(1982) compararam o teor de vitaminas do complexo B, o aspeto, a textura e o sabor de natas ácidas feitas por acidificação direta e fermentação em cultura. As amostras de ambos os tipos de natas azedas foram preparadas a partir do mesmo lote de mistura padronizada contendo 18 a 19% de gordura e 2 a *9% de* sólidos sem gordura. O creme azedo de cultura continha mais ácido fólico do que o produto acidificado, mas não foram encontradas diferenças significativas para a biotina, niacina, ácido pantoténico, B6 ou B12. As natas ácidas de cultura caracterizavam-se por um sabor e aroma agradáveis, enquanto as natas ácidas acidificadas tinham um sabor suave e foram consideradas inferiores por um painel de jurados semi-formados.

Kneifel *et al.* (1992) demonstraram que a maior parte dos fermentos lácteos para iogurte diminuem as concentrações de riboflavina, enquanto outros podem aumentar os níveis desta vitamina essencial até 60% da concentração inicial presente no leite não fermentado, o que se verificou no caso do leitelho e do iogurte, em que os níveis de riboflavina aumentaram significativamente (1,7 e 2,0 mg/l) em comparação com o leite não fermentado (1,2 mg/l).

Lin e Young (2000) investigaram os níveis de folato em culturas das bactérias do ácido lático *Bifidobacterium longum* B6 e ATCC 15708, *Lactobacillus acidophilus* N1 e ATCC 4356, *Lactobacillus delbrueckii* ssp. *bulgaricus* 448 e 449, e *Streptococcus thermophilus* MC e 573. Todas as bactérias do ácido lático apresentaram níveis mais elevados de folato no leite reconstituído do que em meios complexos. *B. longum* B6 apresentou o nível mais elevado de folato e *S. thermophilus* 573 apresentou o nível mais baixo de folato. As curvas de curso de tempo mostram que todas as estirpes testadas tiveram os níveis máximos de folato em 6 h. Estas estirpes variaram nas suas capacidades de acumular tetrahidrofolato (THF), 5-metiltetrahidrofolato (5-MeTHF) e 5-formiltetrahidrofolato (5-FmTHF). No entanto, as estirpes de *B. longum*, *L. bulgaricus* e *S. thermophilus* acumularam mais 5-MeTHF do que THF ou 5-FmTHF. Os níveis de folato diminuíram 2-16% na primeira semana e continuaram a diminuir gradualmente durante o período de 3 semanas para o leite fermentado armazenado a 4°C. O conteúdo de folato do leite fermentado com *L. acidophilus* ATCC 4356 e *S. thermophilus* MC permaneceu o mais estável e diminuiu apenas cerca de 8% em 2 semanas e 12% em 3 semanas. No entanto, o nível de folato do leite fermentado com *L. bulgaricus* 449 diminuiu aproximadamente 27% em 2 semanas e 39% em 3 semanas.

Elmadfa *et al.* (2001) demonstraram que, ao contrário de algumas culturas de arranque de iogurte capazes de produzir riboflavina, a maioria das estirpes probióticas de lactobacilos consumiam esta vitamina, diminuindo assim a sua biodisponibilidade nos produtos fermentados. Por conseguinte, a seleção de estirpes foi considerada essencial para aumentar a concentração e a biodisponibilidade desta vitamina essencial nos alimentos fermentados.

Crittenden *et al.* (2003) isolaram trinta e duas estirpes bacterianas de espécies habitualmente utilizadas em iogurtes e leites fermentados e examinaram a sua capacidade de sintetizar ou utilizar o folato durante a fermentação do leite desnatado. Os organismos examinados incluíram as culturas de arranque de iogurte tradicionais, *Lactobacillus delbrueckii subsp. bulgaricus* e *Streptococcus thermophilus*, e *lactobacilos* probióticos, *bifidobactérias* e *Enterococcus faecium*. O folato foi sintetizado por *S. thermophilus*, *bifidobactérias* e *E. faecium*. *S. thermophilus* foi o produtor dominante, elevando os níveis de folato no leite desnatado de 11,5 ng / g para entre 40 e 50 ng / g. Em geral, *os lactobacilos* esgotaram o folato disponível no leite desnatado. As fermentações com culturas mistas mostraram um aumento na produção de folato. As fermentações com uma combinação de *Bifidobacterium animals* e *S. thermophilus* resultaram num aumento de seis vezes na concentração de folato.

Schallmey *et al.* **(2004)** demonstraram que algumas bactérias e fungos são capazes de produzir riboflavina em excesso e que esta capacidade tem sido aproveitada para a produção industrial. Atualmente, três microrganismos são explorados para a produção de riboflavina: *A. gossypii, Candida* (C.) e *B. subtilis* com níveis de produção de riboflavina que atingem 15 g/l, 20 g/l e 14 g/l, respetivamente.

Burgess *et al.* **(2006)** referiram que a seleção de mutantes espontâneos resistentes à rosoflavina foi considerada um método fiável para obter estirpes naturais produtoras de riboflavina de várias espécies habitualmente utilizadas na indústria alimentar, tais como *Lactobacillus plantarum, Leuconosctoc mesenteroides* e *Propionibacterium freudenreichii.*

Fabian *et al.* **(2008)** mostraram que o consumo diário de 200 g de um iogurte probiótico ou convencional durante 2 semanas pode contribuir para a ingestão total de vitamina B2, como refletido pelo aumento dos níveis de riboflavina livre no plasma em mulheres saudáveis.

Champagne *et al.* **(2010)** mostraram que aumentos na concentração de tiamina e piridoxina foram estabelecidos como resultado da fermentação da soja com *Streptococcus thermophilus* ST5 e *Lactobacillus helveticus* R0052, ou *B. longum* R0175.

Capozzi *et al.* **(2011)** isolaram duas estirpes de *Lact. plantarum* superprodutoras de riboflavina e utilizaram-nas na preparação de pão (por meio de fermentação de massa fermentada) e de massas (utilizando um passo de pré-fermentação) para aumentar o seu teor de vitamina B2. As abordagens aplicadas resultaram num aumento considerável do teor de vitamina B2 (cerca de duas e três vezes mais na massa e no pão, respetivamente), representando assim uma aplicação biotecnológica de qualidade alimentar conveniente e eficiente para a produção de pão e massa enriquecidos com vitamina B2.

VanWyk *et al.* **(2011)** investigaram: dois níveis de concentrações de células de *Propionibacterium freudenreichii* (PAB); liofilização de grãos de Kefir (KG) para preservar a atividade de PAB; e adições repetidas de culturas de PAB. Níveis elevados de B12 e folato e resultados de PCR confirmaram a inclusão de PAB em todos os KG. Inoculações repetidas com culturas liofilizadas (concentração de PAB 1x 108 cfu ml-1) proporcionaram a maior taxa de produção e concentração de B12 e folato após 3 dias. O melhor tratamento (inóculo liofilizado (5 x 107 PAB cfu mL-1) reagiu uma vez, seguido de liofilização) forneceu 186% da Dieta Recomendada

(B12) e 19% da DDR (folato) por dose de 200 ml. A liofilização preservou a atividade do PAB no KG.

Capítulo 3

3. Materiais e métodos

3.1. Materiais

O leite de vaca fresco foi obtido no efetivo da Faculdade de Agricultura da Universidade do Cairo, em Giza. Os leites em pó desnatado e gordo de diferentes marcas foram recolhidos aleatoriamente no mercado local da região do Cairo. A data do seu fabrico foi registada. Para o inquérito: seis amostras de cada leite UHT gordo e desnatado de diferentes marcas foram recolhidas aleatoriamente no mercado local da região do Cairo. A data de fabrico foi registada. Para estudar o efeito da armazenagem: O leite UHT gordo e o leite UHT magro de duas marcas foram armazenados a baixa temperatura (7±2°C) e à temperatura ambiente (25°C±2°C) e foram recolhidas amostras todos os meses até à data de expiração. Foram recolhidas aleatoriamente amostras de queijo Ras, queijo fundido e queijo branco de pasta mole no mercado local da região do Cairo. Quatro amostras de iogurte de mercado, representando diferentes marcas, foram obtidas em diferentes mercados locais do Cairo.

A cultura de arranque de iogurte misto liofilizado concentrado contendo *Lactobacillus delbreakii subsp. bulgaricus* e *Streptococcus thermophilus e* estirpes probióticas de *Lactobacillus plantarum* e culturas de *Bifidobacterium bifidum* foram obtidas de Chr. Hansen's Laboratories, Copenhaga, Dinamarca. A tiamina (vitamina B1), a riboflavina (vitamina B2), a piridoxina (vitamina B6), o *all-trans-retinol* (vitamina A), o β-caroteno e o α-tocoferol (vitamina E) foram adquiridos à Sigma Chemical Co.

3. 2. Métodos

3.2.1. Fabrico de iogurtes

O leite em pó desnatado foi adicionado ao leite gordo de vaca fresco (4% de gordura, 12,63% TS) numa proporção de 2%. O leite foi aquecido a 85°C durante 5 minutos, arrefecido rapidamente até 4°C e depois reaquecido até à temperatura de inoculação de 42°C. O iogurte foi feito utilizando quatro combinações diferentes de fermento de iogurte e Bifidobacteriumbifidum e *Lactobacillus plantarum, como se segue:*

Controlo: o iogurte foi feito com 2% do fermento normal para iogurte (*S. thermophilus*+ *Lactobacillus delbreakii subsp bulgaricus)* (1:1).

Tratamentos (T1) o iogurte foi feito com uma mistura de (*S. thermophilus*+ *Lactobacillus delbreakii subsp bulgaricus*+*B. bifidum)*(0,5:0,5:1).

Tratamento2: (T2) o iogurte foi feito com uma mistura de (*S. thermophilus*+ *Lactobacillus delbreakii subsp bulgaricus*+*L. plantarum)*(0,5:0,5:1).

Tratamento 3: (T3) o iogurte foi feito com uma mistura de (*S. thermophilus*+ *Lactobacillus delbreakii subsp bulgaricus+L. plantarum+ B. bifidum)*(0,5:0,5:0,5:0,5:0,5).

Toda a experiência foi repetida 3 vezes e o iogurte obtido dos diferentes tratamentos foi armazenado no frigorífico a (7±2°C). Foram retiradas amostras do iogurte fresco e após 3, 9 e 15 dias de armazenamento e analisadas quimicamente (sólidos totais e pH), vitaminas hidrossolúveis (tiamina B1, riboflavina B2 e piridoxina B6), sensorialmente e microbiologicamente

3. 2. 2. Análise química

3. 2. 2.1. Teor de sólidos totais

Os teores de sólidos totais do leite e dos produtos lácteos foram determinados de acordo com o método de sobre-secagem descrito por **Ling (1963).**

3. 2. 2. 2. Teor de gordura

Os teores de gordura do leite e dos produtos lácteos foram determinados utilizando o promotor Gerber, de acordo com o método descrito por **Ling (1963).**

3. 2. 2. 3. Valores de pH

Os valores de pH das amostras de iogurte foram medidos utilizando um medidor de pH de laboratório modelo "Cole- armar Instrument Company" (EUA, IL60648).

3. 2. 3. Procedimento experimental

3. 2. 3. 1. saponificação e extração das vitaminas lipossolúveis

3. 2. 3. 2. método 1 (Escrivaet *al.*, 2002)

Foram pesados 10 g da amostra, misturados com 40 ml de etanol absoluto e adicionados 10 ml de KOH a 50% (p/v). Para evitar qualquer possível oxidação, adicionou-se 0,1 g de pirogalol ao conteúdo do balão. A mistura foi mantida a 80 °C durante 30 minutos, sob um fluxo de gás inerte (N_2) e com agitação contínua até à saponificação completa. Quando o conteúdo do balão arrefeceu, foi transferido para uma ampola de decantação de 150 ml e extraído com 4x50 ml de éter etílico. Os extractos etéreos combinados foram lavados com água destilada até ficarem isentos de álcalis, utilizando o indicador fenolftalina a 0,5%. O extrato etéreo foi seco com sulfato de sódio anidro, recolhido num balão de 250 ml e evaporado a 40°C sob vácuo. O resíduo foi dissolvido em 2 ml de acetonitrilo e filtrado através de um filtro de nylon com um tamanho de poro de 0,45µm.

3. 2. 3. 3. Método 2 (*Hewavitharanaet al.*, 1996)

Transferir 10 g de amostra para uma ampola de decantação de 100 ml e misturar suavemente com 2 ml de solução concentrada de hidróxido de amónio (25%) e 10 ml de etanol. O conteúdo da ampola de decantação foi extraído com duas alíquotas sucessivas (34 ml cada) de éter etílico e n-hexano, respetivamente. Os extractos combinados de éter e hexano foram lavados por agitação vigorosa durante 2 minutos com 20 ml de solução de cloreto de cálcio 0,25M e a camada aquosa foi então removida. A camada orgânica foi evaporada a 45°C a pressão reduzida. Ao resíduo, foram adicionados 40 ml de etanol absoluto, 10 ml de KOH a 50% (p/v) e 0,1 g de pirogalol. A mistura foi mantida durante a noite à temperatura ambiente, sob um fluxo de azoto gasoso, para saponificação completa, transferida para uma ampola de decantação e extraída com 4 alíquotas sucessivas (50 ml cada) de éter etílico. Os extractos etéreos combinados foram depois lavados com água destilada até à neutralização pela fenolftaleína. O extrato etéreo foi seco com sulfato de sódio anidro e evaporado a 40°C sob vácuo. O resíduo foi dissolvido em 2 ml de acetonitrilo e filtrado através de filtros de nylon de 0,45μm.

3. 2. 3. 4. Preparação da amostra para a determinação das vitaminas hidrossolúveis (Albala-Hurtadoet *al.*, 1997)

As vitaminas solúveis em água foram extraídas das amostras nas seguintes condições.

(a) Foram pesadas com exatidão alíquotas de 10,5 g de leite UHT e de iogurte. Adicionou-se um grama de ácido tricloroacético (TCA) sólido à amostra, agitou-se durante 10 minutos com um agitador magnético e centrifugou-se durante 10 minutos a 1250 g. O sobrenadante foi retirado e adicionaram-se 3 ml de solução de TCA a 4% ao precipitado, misturou-se fortemente durante 10 minutos e centrifugou-se a 1250 g. O sobrenadante de 2nd foi misturado com o sobrenadante de 1st , transferido para um balão volumétrico de 10 ml e completado o volume com solução de TCA a 4%. O extrato foi mantido ao abrigo da luz, cobrindo o recipiente com folha de alumínio e trabalhando em condições de iluminação reduzida.

(b) Pesou-se com precisão um grama de leite em pó, de queijo fundido e de queijo branco de pasta mole; adicionaram-se 10 ml de água bidestilada e misturou-se bem para obter uma suspensão homogénea. Utilizou-se uma alíquota de 10,5 g desta suspensão para extrair as vitaminas hidrossolúveis, tal como descrito acima para o leite UHT e o iogurte. Em ambos os casos, os extractos de vitaminas solúveis em ácido e em água foram filtrados através de um filtro de membrana de 0,45 μm antes da análise por HPLC.

3. 2. 4. Determinação das vitaminas

3. 2 .4.1 Preparação de padrões vitamínicos

Uma solução-mãe padrão (100 μg ml⁻¹) de vitamina A (todo o retinol trans), α-tocoferol e β-caroteno foi preparada com acetonitrilo e armazenada a -20 °C. As soluções padrão necessárias para a construção de uma curva de calibração foram preparadas a partir da solução de reserva por diluição em série com acetonitrilo e foram armazenadas a 4 °C antes da utilização.

Foi preparada uma solução-mãe padrão (100 μg mL⁻¹) de tiamina, riboflavina e piridoxina com água e armazenada a -20°C. As soluções padrão necessárias para a construção de uma curva de calibração foram preparadas a partir da solução-mãe por diluição em série com água e foram armazenadas a 4°C antes da utilização.

3. 2. 5. Análise por HPLC

3.2.5.1. Análise por HPLC do retinol, α-tocoferol e β-caroteno

A análise por HPLC foi efectuada com um sistema Agilent 1100 HPLC (Agilent Technologies, EUA), equipado com uma bomba quaternária, um injetor manual (Rheodyne), um compartimento termostático para a coluna e um detetor de fotodíodos. A coluna cromatográfica foi ODS H optimizada (150 mm x 4,6 mm, 5 μm de espessura de película). A coluna foi mantida à temperatura ambiente. Injectou-se uma alíquota (20 μml) do padrão ou de uma amostra e eluiu-se com a fase móvel de acetonitrilo/cloreto de metileno/metanol (70:20:10 v/v/v) a

um caudal isocrático de 1 ml min^{-1} com um tempo de execução total de 15 min. O comprimento de onda de deteção da vitamina A (todo o retinol trans), do α-tocoferol e do β-caroteno foi fixado em 250 nm. O tempo de retenção da vitamina A (todo o retinol trans), do α-tocoferol e do β-caroteno foi de cerca de 3,085, 5,485 e 12,536 min. O limite de deteção foi de 0,02 mg kg .$^{-1}$

3. 2. 5. 2. Análise por HPLC da tiamina, riboflavina e piridoxina

A análise por HPLC foi efectuada com um sistema Agilent 1260 HPLC (Agilent Technologies, EUA), equipado com uma bomba quaternária, um injetor de amostragem automática com um injetor de circuito fixo de 20 μl, um compartimento termostático para a coluna e um detetor de fotodíodos. A coluna cromatográfica utilizada foi a C18 Zorbax XDB (250 mm x 4,6 mm, 5 μm de espessura de película). A coluna foi mantida à temperatura ambiente a um caudal de 0,8 ml/min com um tempo de funcionamento total de 12 minutos. A separação das vitaminas foi efectuada por eluição gradiente com metanol (A) e TFA a 1% contendo água (B). A composição do eluente foi inicialmente 8 % A + 92 % B, mantida durante 2 min, e alterada linearmente para 92 % A + 8 % B nos 4 min seguintes e mantida durante 6 min. O comprimento de onda de deteção da tiamina, riboflavina e piridoxina foi fixado em 254 nm. O tempo de retenção da tiamina, da riboflavina e da piridoxina foi de cerca de 3,861, 7,627 e 6,959 minutos.

3. 2. 6 Análises bacteriológicas

3. 2. 6. 1. Contagem de *Bifidobacterium bifidum*.

A contagem de *Bifidobacterium bifidum* foi enumerada de acordo com **Dave e Shah (1996)** utilizando ágar MRS modificado suplementado com 0,05 % de L. Cystein-HCL. As placas foram incubadas a 37°C durante 48 horas.

3.2.6.2. Contagem de *Lactobacillus plantarum* e *Lactobacillus bulgaricus*.

A contagem de *Lactobacillus plantarum* e Lactobacillus *bulgaricus* foi determinada de acordo com **Dave e Shah (1996)** utilizando ágar MRS. As placas foram incubadas a 37°C durante 48 horas.

3.2.6.3. Contagem de *Streptococcus thermophilus*.

A contagem de *Streptococcus thermophilus* foi determinada de acordo com **Terzaghi e**

Sandine (1975) utilizando ágar M17. As placas foram incubadas a 37°C durante 48 horas.

3. 2. 7. Avaliação sensorial

As amostras de iogurte foram avaliadas **(Mohebbi e Ghoddusi 2008)** quanto às suas propriedades sensoriais (aspeto, corpo e textura, sabor) utilizando uma escala hedónica de 1-5, realizada por 10 membros do painel do pessoal do Departamento de Ciência dos Lacticínios, Centro Nacional de Investigação, Egito.

3. 2. 8. Análise estatística

Os dados foram expressos como média ± erro padrão (SE). A análise estatística foi efectuada utilizando o procedimento General Linear Model (GLM) com o software SAS (2001).

Capítulo 4

4. Resultados e discussão

4.1. Parte I: Determinação simultânea por HPLC de retinol, α-tocoferol e β-caroteno em produtos lácteos de mercado

As vitaminas lipossolúveis (A, E, D e K) têm uma série de funções biológicas importantes no organismo, incluindo a regulação do crescimento e da diferenciação das células e dos tecidos (vitamina A), a antioxidação dos lípidos (vitamina E), a absorção de cálcio e fósforo e a mineralização óssea (vitamina D) e o fator de coagulação do sangue (vitamina K). As vitaminas A e E têm especial importância pelo facto de não poderem ser sintetizadas no nosso organismo e terem de ser recebidas naturalmente através da alimentação ou como suplemento. No entanto, o processamento e as condições de armazenamento têm efeitos variáveis nas vitaminas lipossolúveis do leite e dos produtos lácteos. Por conseguinte, é necessário monitorizar a presença e a concentração destes importantes nutrientes nos produtos lácteos disponíveis no mercado local. Assim, na presente parte do estudo, os teores de retinol, α-tocoferol e β-caroteno de amostras aleatórias de alguns produtos lácteos recolhidos no mercado do Cairo foram determinados utilizando dois métodos de comparação.

4.1.1. Validação do método HPLC para a determinação do retinol, do α-tocoferol e do β-caroteno

Foram testados diferentes sistemas de eluição para otimizar a separação de retinol, α-tocoferol e β-caroteno. A fase móvel de acetonitrilo/cloreto de metileno/metanol (70:20:10, v/v/v) a um caudal isocrático de 1 ml min^{-1} proporcionou a separação óptima, como se mostra na Fig. 1. A fim de estabelecer o limite de deteção (LOD) e o limite de quantificação (LOQ) da vitamina A (todo o retinol trans), do α-tocoferol e do β-caroteno por HPLC-PDA, foram utilizadas amostras de leite em branco. O LOD e o LOQ do método proposto foram determinados como a concentração da amostra de vitamina A (todo o retinol trans), α-tocoferol e β-caroteno numa relação sinal-ruído de 3:1 e 10:1, respetivamente. O LOD e o LOQ foram estimados em 0,02 mg kg^{-1} e 0,06 mg kg^{-1}, respetivamente.

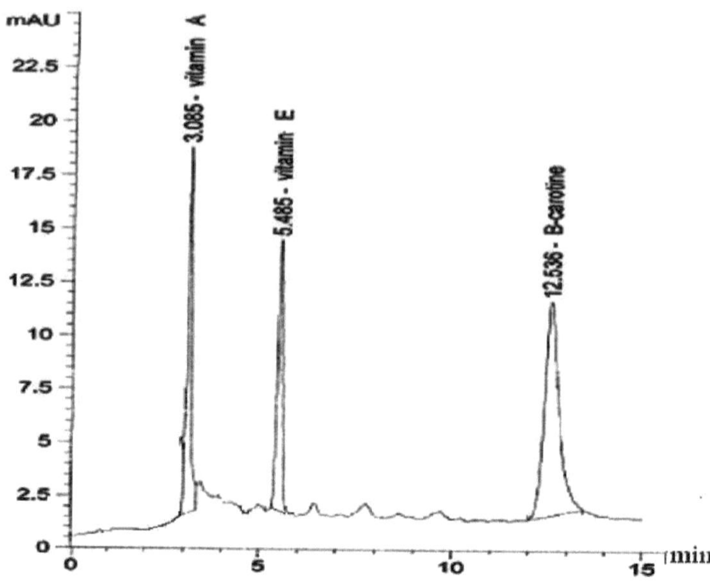

Fig. 1: Cromatograma dos padrões: (1) vitamina A (todos os trans retinol) (0,034 µg/ml), t_R=3,085 min; (2) vitamina E (α- tocoferol) (0,096 /./g./ml), t_R=5,635 min; (3) β- caroteno (0,048 µg/ml), t_R= 12,536 min.

O efeito de matriz do presente método foi investigado através da comparação de padrões em solvente com padrões de matriz correspondente para 5 réplicas a 1 mg kg^{-1}. Pode concluir-se que a matriz não suprime nem aumenta significativamente a resposta do instrumento.

Foi também determinada a linearidade da curva concentração/área de pico. Foi construída uma curva de calibração padrão da vitamina A (todo o retinol trans), do α-tocoferol e do β-caroteno, traçando a concentração do analito em função das áreas dos picos. A 250 nm, para a vitamina A (todo o retinol trans), o α-tocoferol e o β-caroteno, a gama de calibração foi linear na concentração analisada (0,01-2 µg mL^{-1}) com um coeficiente de correlação >0,999.

A exatidão do método foi também testada utilizando uma quantidade conhecida do padrão. As recuperações médias de vitamina A (todo o retinol trans), α-tocoferol e β-caroteno (n = 5) nos níveis de adição são apresentadas na Tabela 1. Obtiveram-se resultados satisfatórios nos 3 casos, com recuperações entre 90,11 e 95,6% e um desvio-padrão relativo (RSD) que variou entre 7,6 e 11,3%.

30

Quadro 1: Percentagem de recuperação das amostras de leite fortificado e desvio padrão relativo
(RSD) para as vitaminas lipossolúveis determinadas.

Vitamin	Recovery %	RSD
Vitamin A (all trans retinol)	90.1	7.6
Vitamin E (α-tocopherol)	90.3	9.1
β-carotene	95.6	11.3

4.1.2. Efeito do método de saponificação e de extração das vitaminas

Foram testados dois métodos para a saponificação e extração de retinol, α-tocoferol e β-caroteno. O método 1st depende da saponificação e extração das vitaminas analisadas sem extração prévia de gordura e que a saponificação foi feita a alta temperatura (80° C/30 min). O método 2nd depende da extração da gordura e da saponificação subsequente a baixa temperatura (temperatura ambiente/noite).

Foram encontradas diferenças nas vitaminas detectadas entre os dois métodos. O retinol e o β-caroteno não foram detectados pelo método 1 na maioria das amostras de leite UHT, queijos e leite em pó, mas o α-tocoferol foi recuperado em quase todas as amostras. Por outro lado, o retinol e o β-caroteno foram detectados pelo método 2 em todas as amostras, enquanto o α-tocoferol não foi detectado em muitas amostras. As figuras 2 e 3 mostram os cromatogramas das amostras de leite UHT saponificadas pelos métodos 1 e 2, respetivamente.

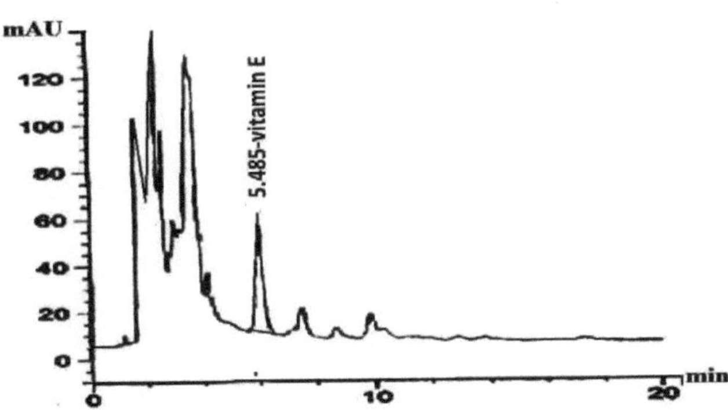

Fig. 2: Cromatograma da vitamina E (α-tocoferol), tR = 5,485 min, utilizando o método I
(saponificação a alta temperatura).

A presença de percentagens elevadas de material sólido não gordo pode ser responsável pela
ausência observada de vitamina A na maioria das amostras saponificadas pelo método 1st , uma vez

que o retinol na manteiga foi facilmente determinado por este método devido ao baixo teor de sólidos não gordos na manteiga. Este facto sugere a importância do método de saponificação para a análise das diferentes vitaminas lipossolúveis. Por conseguinte, as amostras foram analisadas para o retinol e o β-caroteno utilizando o método de saponificação 2nd , enquanto o método de saponificação 1st foi utilizado para a determinação do α-tocoferol. **Rodas-Mendoza *et al.*, (2003)**, utilizando dois métodos diferentes para a extração de gordura de fórmulas para lactentes, obtiveram recuperações diferentes de vitamina A e α-tocoferol, em conformidade com os presentes resultados. A variabilidade intrínseca que ocorre durante as análises de vitaminas solúveis em gordura foi investigada **(Black, 2007)**. Concluiu-se que a saponificação durante a noite em meio de metanol ou etanol à temperatura ambiente proporcionou as melhores condições para a extração simultânea de vitaminas lipossolúveis.

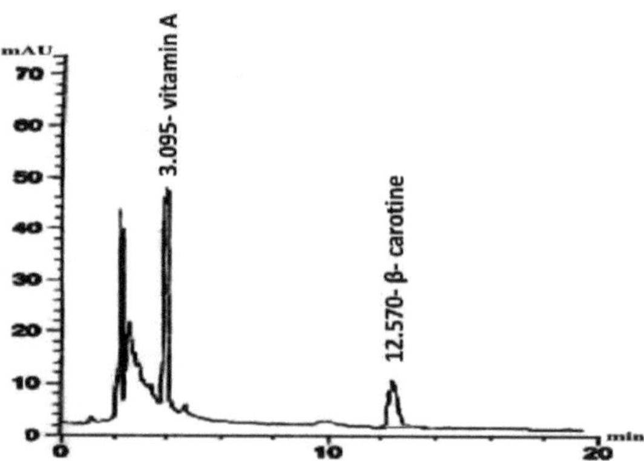

Fig. 3: Cromatograma de (1) vitamina A (todo o retinol trans), t_R = 3,095 min; (2) β-caroteno, t_R = 12,570 min, utilizando o método II (saponificação à temperatura ambiente).

4.1.3. Teores de retinol, α-tocoferol e β-caroteno do leite UHT

A Tabela (2) mostra que o conteúdo de retinol do UHT variou amplamente com um valor médio de 68,2 µg/100g. Os presentes resultados são os primeiros valores relatados sobre retinol e β-caroteno em amostras de leite UHT no Egito, que mostram grandes variações em ambos os constituintes. O teor de gordura das amostras UHT analisadas variou de 2,9 e 3,3%, com uma média de 3,1%. O cálculo do teor de retinol do leite UHT como µg /g de gordura revelou uma média de 22 µg /g de gordura. A comparação desses valores com os relatados para o leite UHT em outros estudos está resumida na Tabela (3). O teor de retinol do leite UHT no mercado local está dentro do intervalo de teor de retinol do leite UHT relatado noutros estudos. Foi relatado que o processamento UHT afecta minimamente o teor de retinol do leite UHT, mas o armazenamento tem um efeito óbvio no teor de retinol do leite UHT, dependendo do teor de gordura, do nível inicial de retinol no leite processado, do oxigénio residual e da temperatura de armazenamento **(McCarthy *et al.*, 1986;**

Woollard & Indyk, 1989).

Tabela 2: Teores de retinol e β-caroteno (μg/100g) dos produtos lácteos comercializados

Product	Retinol			β-carotene		
	Range	Mean	S.D.*	Range	Mean	S.D.*
UHT milk (full fat) 3.1% fat	50.5-107.7	68.2	27.0	0.14-1.22	0.55	0.40
Processed cheese,25.3% fat	71.3-305.0	214.1	125.2	1.52-25.1	10.7	10.8
Ras cheese, 33%fat	72.1-305.3	161.3	107.4	1.23-36.0	12.8	16.8
Soft cheese, 19% fat	79.4-110.4	94.9	21.9	1.62-8.8	6.3	4.0
Whole milk powder, 26.6% fat	202.6-1697.6	668.3	633.6	12.4-134.9	50.8	49.8
Butter (buffalo) 85%fat	4110-7630.6	5744.0	1349	-	-	-

As amostras UHT analisadas no presente estudo foram colhidas no prazo de duas semanas após a transformação, o que explica os elevados valores de retinol encontrados. Por outro lado, o teor médio de β-caroteno das amostras UHT no presente estudo foi muito baixo em comparação com o registado noutros estudos. O teor de β-caroteno do leite está geralmente relacionado com a forragem verde recebida pelos animais em lactação. São necessários mais estudos para explicar o baixo teor de β-caroteno nos produtos lácteos UHT locais.

Tabela 3: Conteúdo de retinol e β-caroteno (μg/100ml) do leite UHT no presente e em alguns dos estudos anteriores.

Reference	Retinol	β-carotene
Present study	68.2	0.55
Woollard & Indyk (1989)	15.9	---
Scott *et al.* (1984)	61.9	31.5
Ollilianen *et al.* (1989)	32.6	16.7
McCarthy *et al.* (1986)	27.5-86.1	--

Zahar & Smith (1990)	46.6 (0.9)	28.0(0.17)

A tabela (4) mostra que o conteúdo de α-tocoferol do leite UHT de mercado variou amplamente de 3,4 a 21,7 com uma média de 13,4 µg/100g. Estes valores foram inferiores aos relatados por Hiditoglou, (1989) nomeadamente: 28 µg∏00g.

Quadro 4: Teor de α-tocoferol (µgZ100g) de alguns produtos lácteos

Product	α-tocopherol		
	Range	Mean	S.D.*
UHT milk (full fat) 3.1% fat	3.4-21.7	13.4	7.6
Processed cheese, 25.3% fat	4.3-131.4	49.6	46.8
Ras cheese, 33%fat	58.6-253.6	134.7	84.6
Soft cheese, 19% fat	68.6-287.9	147.9	100.4
Whole milk powder, 26.6% fat	245.8-1833.4	729.7	638.4
Butter (buffalo) 85%fat	51.8-223.0	111.6	96.5

4.1.4. Teores de retinol, α-tocoferol e β-caroteno do queijo processado

A tabela (2) mostra que as amostras de queijo processado no mercado tinham um teor médio de retinol de 214,1 µg /100g com uma ampla variação de 71,3 a 305,0 µg /100g. Estas amostras tinham um teor de gordura que variava entre 23 e 30%. O cálculo do teor de retinol por grama de gordura do queijo processado revelou uma variação de 2,4 a 12,2 µg^ de gordura, sendo muito menor do que o encontrado para o teor de retinol do leite UHT. Estes valores baixos podem ser atribuídos à inclusão de óleo vegetal em muitas marcas de queijos processados produzidos localmente. O retinol geralmente não é encontrado em óleos vegetais **(Ball, 2006)**. O teor médio de β-caroteno dos queijos processados foi de 10,4 µg∏00g, sendo mais elevado do que o encontrado no UHT com base no teor de gordura, o que pode ser atribuído ao teor de caroteno dos óleos vegetais utilizados no fabrico de queijo processado. Para o α-tocoferol, o queijo fundido apresentou uma média de 49,8 µg∏00g e 2,0 µg^ de gordura, sendo inferior ao encontrado no leite UHT, nomeadamente 4,3µg^, principalmente devido à inclusão de óleos vegetais no queijo fundido.

4.1.5. Teores de retinol, α-tocoferol e β-caroteno do queijo Ras

A tabela (2) mostra que o teor médio de retinol do queijo Ras de mercado 161,1 µg∏00g. As amostras analisadas apresentaram um teor de gordura variando de 30,0 a 36,0% com uma média de 33,0%. Isto significa que o queijo Ras tinha um retinol médio de 4,9 µg^ de gordura sendo muito inferior ao encontrado no leite UHT. O teor de retinol do queijo foi relatado como sendo dependente do teor de gordura do queijo **(IDF, 2008)**. O baixo teor de retinol do queijo Ras pode dever-se a perdas de retinol durante as fases de maturação e armazenamento. Normalmente, o queijo Ras é curado durante pelo menos três meses à temperatura ambiente. No entanto, o teor de retinol do queijo Ras foi inferior ao relatado para os queijos duros franceses **(IDF, 2008)**, nomeadamente; 222 µg/100g para Cantal e 228 µg/100g para o queijo Emmental francês. O queijo Ras continha um β-caroteno médio de 12,8 µg/100g, sendo muito inferior ao registado para o queijo Cantal francês (83 µg/100g) e para o queijo Emmental francês (105 µg/100g) **(IDF, 2008)**. O teor médio de α-tocoferol foi de 134,3 µg/100g, sendo menor do que o relatado para Cantal (500 µg/100g) e queijo Emmental francês (360 µg/100g) **(IDF, 2008)**.

4.1.6. Teores de retinol, α-tocoferol e β-caroteno em queijo de pasta mole

O teor médio de retinol do queijo de pasta mole foi de 94,9±21,9 µg/100g Tabela (2). Os queijos de pasta mole analisados tinham um teor médio de gordura de 19,0%. O cálculo do teor de retinol do queijo de pasta mole com base no teor de gordura revelou uma média de 4,9 µg / g, sendo muito inferior ao do leite UHT, mas semelhante ao do queijo Ras. No fabrico de várias marcas de queijo de pasta mole são utilizados óleos vegetais, o que pode explicar o baixo teor de retinol dos queijos de pasta mole. As amostras de queijo de pasta mole continham um teor médio de β-caroteno de 6,3 µg/100g e um teor médio de α-tocoferol de 147,9 µg/100g, respetivamente. Estes valores foram inferiores aos registados para os queijos de pasta mole franceses **(IDF, 2008)**.

4.1.7. Teores de retinol, α-tocoferol e β-caroteno do leite em pó

Todas as amostras de leite em pó analisadas eram de marcas diferentes de leite em pó gordo importado, com teores de gordura que variavam entre 26,0 e 27,6, com uma média de 26,6%. A tabela (2) mostra que o teor de retinol das amostras de leite em pó analisadas varia amplamente entre um mínimo de 202,6 e um máximo de 1697,6, com uma média de 668,3 µg/100g. O nível máximo elevado pode ser atribuído à fortificação com retinol, enquanto o mínimo pode ser devido à utilização de óleo vegetal em substituição da gordura do leite e/ou a perdas durante o armazenamento. **Woollard e Edmiston (1983)** relataram que o leite em pó integral perdeu 26 a 50% do seu conteúdo de vitamina A após 6 meses de armazenamento à temperatura ambiente. O cálculo do teor de retinol do leite em pó em base de gordura revelou uma média de 25,0 µg, sendo ligeiramente superior ao encontrado em amostras de leite UHT, o que pode ser atribuído à fortificação de algumas amostras com vitamina A. As amostras de leite em pó continham teores médios de β-caroteno e α-tocoferol de 50,8 e 729,7 µg/100g, que são muito superiores aos do leite UHT em base de peso seco. Este facto pode ser explicado pela diferença na origem do leite cru utilizado nos dois produtos.

4.1.8. Teores de retinol, α-tocoferol e β-caroteno da manteiga de leite de búfala

A manteiga de leite de búfala é um dos produtos lácteos tradicionais do Egito, preparado a partir de natas azedas e caracterizado pela sua cor esbranquiçada. A análise da manteiga de leite de búfala comercializada revelou que o seu teor de matéria gorda variava entre 83 e 87%, com uma média de 85%.

Verificou-se que estas amostras continham um teor de retinol que variava de 4110 a 7630 µg/100 g de manteiga com uma média de 5744,0 µg/100 g Tabela (2). O cálculo do teor de retinol da manteiga com base na gordura revelou um intervalo de 49,5 a 88,7 µg / g com uma média de 67,57 µg / g. **Fattouh *et al.,* (2005)** relataram que a gordura do leite de búfala egípcia contém uma média de vitamina A de 78µg ^ de acordo com a presente descoberta. O β-caroteno não foi detectado em todas as amostras, uma vez que os búfalos são conhecidos pela sua capacidade de converter completamente o β-caroteno da forragem verde consumida em vitamina A. Por outro lado, verificou-se que as amostras de manteiga continham uma média de α-tocoferol de 111,6 µg /100g Tabela (4), sendo muito inferior à relatada **(Fattouh *et al.,* 2005)**, que é de 10,1 mg/g de gordura.

4.2. Parte II: Determinação simultânea de tiamina, riboflavina e piridoxina em produtos lácteos comercializados

As vitaminas do grupo B são vitaminas hidrossolúveis que actuam principalmente como cofactores de várias enzimas essenciais para a função celular e a produção de energia. A carência de vitaminas hidrossolúveis resulta em perturbações do sistema nervoso e dos tecidos de divisão rápida, como o epitélio gastrointestinal, as membranas mucosas, a pele e as células do sistema hematopoiético. A tiamina (B1), a riboflavina (B2) e a piridoxina (B6) são membros importantes das vitaminas do grupo B, que desempenham funções variáveis, específicas e vitais no metabolismo, e a carência destas vitaminas resulta em várias doenças. No entanto, as vitaminas são comparativamente instáveis e afectadas por factores como o calor, a luz, o ar, a presença de outros componentes alimentares e as condições de processamento dos alimentos. Por conseguinte, nesta parte do estudo, foram determinadas as vitaminas solúveis em água, nomeadamente a tiamina (vitamina B1), a riboflavina (vitamina B2) e a piridoxina (vitamina B6), em amostras aleatórias de leite e de alguns produtos lácteos recolhidos no mercado do Cairo.

4.2.1. Validação do método HPLC para a determinação da tiamina, da riboflavina e da piridoxina

A separação cromatográfica da tiamina, da riboflavina e da piridoxina foi efectuada utilizando o seguinte programa de eluição gradiente: metanol (A) e 1% de TFA com água (B). A composição do eluente foi inicialmente 8 % A + 92 % B, mantida durante 2 minutos, e alterada linearmente para 92 % A + 8 % B nos 4 minutos seguintes e mantida durante 6 minutos a um caudal de 0,8 ml/min, com um tempo total de funcionamento de 12 minutos. A Fig. 4 mostra o padrão cromatográfico das vitaminas solúveis em água. Entre os vários sistemas de programas de eluição para uma separação eficaz das vitaminas mencionadas, verificou-se que o último programa proporcionou uma separação comparativamente satisfatória.

Foram utilizadas amostras de leite em branco para estabelecer o limite de deteção (LOD) e o limite de quantificação (LOQ) para a tiamina, a riboflavina e a piridoxina por HPLC-PDA. O LOD e o LOQ do método proposto foram determinados como a concentração da amostra de tiamina, riboflavina e piridoxina com uma relação sinal-ruído de 3:1 e 10:1, respetivamente. O LOD e o LOQ foram estimados em 0,01 mg kg^{-1} e 0,06 mg kg^{-1}, respetivamente.

O efeito de matriz do presente método foi investigado através da comparação de padrões em solvente com padrões correspondentes à matriz para 5 réplicas a 0,1 mg kg^{-1}. Pode concluir-se que a matriz não suprime nem aumenta significativamente a resposta do instrumento.

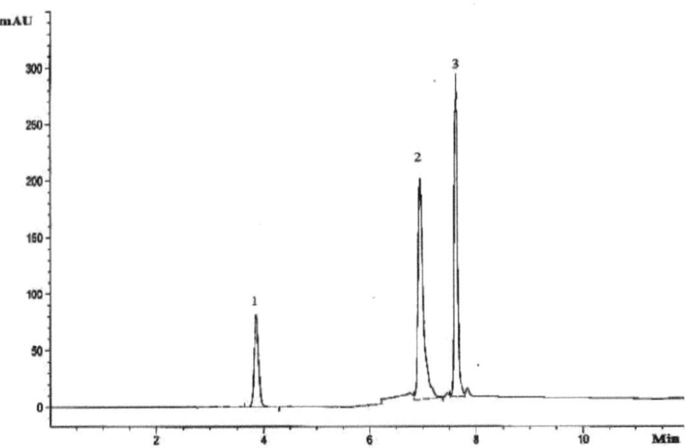

Fig.4. Cromatograma dos padrões: (1) vitamina B1 (tiamina), (2) vitamina B6 (piridoxina), (3) vitamina B2 (riboflavina)

Foi determinada a linearidade da curva concentração/área do pico. Foi construída uma curva de calibração padrão da tiamina, da riboflavina e da piridoxina, traçando a relação entre a concentração analítica e as áreas dos picos. A 254 nm, para a tiamina, a riboflavina e a piridoxina, a gama de calibração foi linear na concentração analisada (0,01-2 µg mL^{-1}) com um coeficiente de correlação >0,999. A exatidão do método foi também testada utilizando uma quantidade conhecida do padrão. As recuperações médias de tiamina, riboflavina e piridoxina (n = 5) nos níveis de adição são apresentadas na Tabela 5. Obtiveram-se resultados satisfatórios nos três casos, com recuperações entre 82,8 e 94,1% e desvio-padrão relativo (RSD) entre 6,6 e 12,4%.

Quadro 5: Percentagem de recuperação das amostras de leite fortificado e desvio-padrão relativo (RSD) para as vitaminas hidrossolúveis determinadas

Vitamin name	Recovery%	RSD
Vitamin B1 (thiamin)	82.8	10.2
Vitamin B2 (riboflavin)	92.5	12.4

Vitamin B6 (pyridoxine)	94.1	6.6

4.2.2. Teores de tiamina, riboflavina e piridoxina do leite UHT gordo e desnatado

A tabela (6) demonstrou que a tiamina e a riboflavina do leite UHT integral e desnatado tinham valores médios de 0,399±0,03 e 1,558±0,13 mg/L e 0,456±0,03 e 1,246±0,09 mg/L, respetivamente. No presente estudo, a piridoxina não foi detectada em todas as amostras de leite UHT. As amostras UHT analisadas no presente estudo foram colhidas no prazo de cinco semanas após o processamento. Observa-se que os níveis de tiamina e riboflavina foram análogos para todos os leites UHT analisados

Tabela 6: Teores de vitaminas hidrossolúveis (B1, B2, B6) das amostras de leite UHT gordo e desnatado (mg/L).

Product	Date of Prod.	Date of Exp.	Vitamin B1	Vitamin B2	Vitamin B6
whole UHT milk	9/4/2012	9/10/2012	0.440 ±0.03^a	1.737 ±0.13^a	> 0.01
	16/5/2012	16/11/2012	0.422 ±0.03^a	1.123 ±0.13^b	> 0.01
	13/5/2012	13/11/2012	0.334 ±0.03^b	2.147 ±0.13^c	> 0.01
	12/4/2012	12/10/2012	0.398 ±0.03^{ab}	1.225 ±0.13^b	> 0.01
	Average		0.399	1.558	> 0.01
Skim UHT milk	24/5/2012	24/11/2012	0.413 ±0.03^a	1.268 ±0.09^{ab}	> 0.01
	21/4/2012	21/10/2012	0.501 ±0.03^a	1.262 ±0.09^{ab}	> 0.01
	24/4/2012	24/10/2012	0.474 ±0.03^a	1.028 ±0.09^b	> 0.01
	29/4/2012	29/10/2012	0.438 ±0.03^a	1.427 ±0.09^a	> 0.01
	Average		0.456	1.246	> 0.01

As médias (±SE, n=3) com letras sobrescritas diferentes numa coluna são significativamente diferentes (p≤0,05), caso contrário não são significativas.

Sierra e Vidal-Valverde, (2001) relataram que o tratamento térmico de leite integral e desnatado a temperaturas de 90, 110 e 120°C não produziu perdas significativas no conteúdo de tiamina. Além disso, a tiamina no leite UHT gordo diminuiu ligeiramente do que no leite UHT desnatado e os resultados deste estudo discordam de outro relatório **(Vidal-Valverde e Redondo, 1993)** que observou que as perdas de tiamina no leite gordo eram inferiores às do leite magro e desnatado. Por outro lado, a riboflavina no leite UHT com gordura total foi maior do que no leite UHT desnatado. Estes resultados foram atribuídos à gordura do leite, que pode proteger a vitamina B2, durante o processamento e armazenamento.

Mestdagh _et al._, (2005) relataram que o tratamento térmico teve efeitos negligenciáveis nas concentrações de riboflavina do leite, enquanto a exposição do leite à luz solar resulta numa perda de 2080% de riboflavina. No entanto, a média do teor de tiamina das amostras UHT no presente estudo estava geralmente de acordo com a dada por **Nohr e Biesalski, (2009)**. Além disso, o teor de riboflavina das amostras UHT no presente estudo estava de acordo com o relatado por **Abd El-Gawad _et al._, (1988)**.

4.2.3. Teores de tiamina, riboflavina e piridoxina do leite em pó

O quadro (7) mostra que as amostras de leite em pó comercializado continham um teor médio de tiamina de 3,634±0,84 mg/kg, um teor médio de riboflavina de 22,069±3,97 mg/kg e um teor médio de piridoxina de 5,228±1,10 mg/kg, respetivamente. As amostras de leite em pó analisadas no presente estudo foram colhidas após cinco meses de processamento.

Quadro 7: Teores de vitaminas hidrossolúveis (B1, B2 e B6) do leite em pó gordo (mg/ Kg)

Date of Prod.	Date of Exp.	Vitamin B1	Vitamin B2	Vitamin B6
12/2/2012	14/2/2013	4.743 ±0.84[a]	21.159 ±3.97[a]	11.22 ±1.10[a]
2/2012	2/2014	2.572 ±0.84[a]	13.150 ±3.97[a]	8.972 ±1.10[a]
2/2012	2/2014	4.514 ±0.84[a]	19.510 ±3.97[a]	> 0.01
9/2/2012	9/1/2014	2.705 ±0.84[a]	34.457 ±3.97[b]	0.718 ±1.10[b]
Average		3.634	22.069	5.228

As médias (±SE, n=3) com letras sobrescritas diferentes numa coluna são significativamente diferentes (p≤0,05), caso contrário não são significativas.

Os valores dos teores de tiamina e piridoxina nas amostras de leite em pó estavam de acordo com os relatados por **Albala-Hurtado *et al.* (1997),** mas o teor médio de riboflavina no presente estudo foi superior ao relatado na literatura. **Nohr e Biesalski, (2009)** não registaram perdas ou alterações na tiamina do leite em pó desidratado durante o armazenamento durante 16 meses. Além disso, **Nohr e Biesalski, (2009)** concluíram que não ocorreram perdas de B6 durante o fabrico e armazenamento de leite gordo desidratado. Além disso, na ausência de luz, a riboflavina no leite era estável ao calor, pelo que não se registaram perdas quando o leite foi seco nestas condições, o que pode explicar o elevado nível de riboflavina no leite desidratado.

4.2.4. Teores de tiamina, riboflavina e piridoxina do iogurte

Os teores médios de tiamina, riboflavina e piridoxina do iogurte foram de 0,115±0,05, 1,849±0,25 e 0,079±0,02 mg/kg, respetivamente, Tabela (8).

Tabela 8: Teor de vitaminas hidrossolúveis (B1, B2, B6) do iogurte, (mg/ Kg).

Date of Prod.	Date of Exp.	Vitamin B1	Vitamin B2	Vitamin B6
9 /6/2012	23/6/2012	0.076	2.105	0.093
		±0.05[b]	±0.25[c]	±0.02[a]
10/6/2012	24/6/2012	0.218	0.743	
		±0.05[a]	±0.25[a]	> 0.01
11/6/2012	25/6/2012	0.167	3.101	0.088
		±0.05[a]	±0.25[b]	±0.02[a]
12/6/2012	26/6/2012		1.448	0.134
		> 0.01	±0.25[ac]	±0.02[a]
Average		0.115	1.849	0.079

As médias (±SE, n=3) com letras sobrescritas diferentes numa coluna são significativamente diferentes (p≤0,05), caso contrário não são significativas.

Os teores médios de tiamina e piridoxina das amostras de iogurte no presente estudo foram inferiores aos registados noutros estudos, conforme resumido por **Nohr e Biesalski, (2009),** nomeadamente: 0,37 mg/kg para a tiamina e 0,46 mg/kg para a piridoxina, mas semelhante ao do teor de riboflavina. Por outro lado, os valores obtidos do teor de tiamina nas amostras de iogurte foram superiores aos encontrados por **El-Aasar, (1985).** Por outro lado, a média do teor de riboflavina do iogurte foi superior à indicada por **Abd El-Gawad *et al., (*1988).** Numerosos estudos destacam a fermentação do leite que envolve bifidobactérias que aumentam o teor de vitaminas do grupo B, particularmente tiamina, piridoxina e ácido fólico e vitamina K do produto **(Tamime *et al.,* 1995)**. No entanto, é importante aplicar a administração de bifidobactérias a animais e a seres humanos.

4.2.5. Teores de tiamina, riboflavina e piridoxina do queijo branco de pasta mole

Pode ver-se na Tabela (9) que os teores médios de tiamina, riboflavina e piridoxina das amostras de queijo de pasta mole de mercado foram de 0,310±0,05, 5,818±1,05 e 2,383±1,33 mg/kg, respetivamente. As amostras de queijo branco de pasta mole analisadas no presente estudo foram colhidas no prazo de cinco semanas após a transformação, o que pode explicar os elevados valores de riboflavina e piridoxina encontrados. Os teores médios de riboflavina e piridoxina das amostras de queijo de pasta mole no presente estudo foram superiores aos publicados noutros estudos, nomeadamente: 2,63 mg/kg para a riboflavina e 2,383 mg/kg para a piridoxina, mas semelhantes ao teor de tiamina **(Scott e Bishop, 1988b)**. Além disso, a média do teor de riboflavina neste estudo foi mais elevada do que a registada por **(Abd El-Gawad *et al.*, 1988)**. No queijo, a maioria das perdas (66-88%) da riboflavina original do leite parece ocorrer durante a drenagem do soro, enquanto a maturação quase não tem efeito. **(Nohr e Biesalski, 2009)**.

Tabela 9: Teor de vitaminas hidrossolúveis (B1, B2 e B6) das amostras de queijo branco de pasta mole (mg/ Kg).

Date of Prod.	Date of Exp.	Vitamin B1	Vitamin B2	Vitamin B6
29/5/2012	28/5/2013	0.679	16.94	
		±0.05[a]	±1.05[a]	> 0.01
22/4/2012	21/4/2013			1.45
		> 0.01	> 0.01	±1.33[a]
16/6/2012	15/6/2013			5.08
		> 0.01	> 0.01	±1.33[b]
5/2012	6/2013	0.56	6.33	2.10
		±0.05[a]	±1.05[b]	±1.33[ab]
Average		0.310	5.818	2.383

As médias (±SE, n=3) com letras sobrescritas diferentes numa coluna são significativamente diferentes (p≤0,05), caso contrário não são significativas.

Além disso, a tiamina perde-se durante o fabrico do queijo, principalmente durante a extração do primeiro soro e não se registam alterações significativas durante a maturação **(Biesalski e Back, 2002)**. Os tipos de queijo como o Camembert e o Brie têm a concentração mais elevada de vitamina B6, seguidos pelos queijos muito duros, duros, semi-duros e moles não curados.

4.2.6. Teores de tiamina, riboflavina e piridoxina do queijo fundido

A Tabela (10) ilustra que os teores médios de tiamina, riboflavina e piridoxina das amostras de queijo processado analisadas foram de 1,151±0,56, 9,183±1,21 e 2,348±0,42 mg/kg, respetivamente. As amostras de queijo processado analisadas foram colhidas no prazo de cinco semanas após o processamento. Além disso, os teores médios de riboflavina e tiamina no queijo fundido eram muito mais elevados do que os teores no queijo branco, o que pode ser atribuído à perda desta vitamina para o soro de leite. **Renner, (1983)** relatou que uma proporção variável das vitaminas B solúveis em água pode ser perdida do leite dependendo da severidade do tratamento térmico, no entanto, a maior parte é perdida durante a produção de queijo no soro. As perdas de tiamina, ácido nicotínico e ácido fólico foram de 80-90%, de riboflavina e biotina 70-80%, vitamina B6 e ácido pantoténico 5575% e vitamina B12 40-70%, respetivamente.

Tabela10: Teor de vitaminas hidrossolúveis (B1, B2 e B6) das amostras de queijo fundido (mg/ Kg).

Date of Prod.	Date of Exp.	Vitamin B1	Vitamin B2	Vitamin B6
22/4/2012	18/10/2012	2.51 $\pm0.56^a$	14.49 $\pm1.21^a$	3.63 $\pm0.42^a$
2/6/2012	2/12/2012	0.73 $\pm0.56^b$	9.81 $\pm1.21^b$	> 0.01
28/5/2012	18/11/2012	0.67 $\pm0.56^b$	5.74 $\pm1.21^b$	5.76 $\pm0.42^b$
22/5/2012	22/11/2012	0.70 $\pm0.56^b$	6.69 $\pm1.21^b$	> 0.01
Average		1.151	9.183	2.348

As médias ($\pm$SE, n=3) com letras sobrescritas diferentes numa coluna são significativamente diferentes (p$\leq$0,05), caso contrário não são significativas.

4.3. Parte III: Estabilidade de conservação da tiamina, riboflavina e piridoxina no leite UHT

O desenvolvimento de novos produtos alimentares tem como objetivo manter tanto quanto possível o valor nutritivo destes produtos, particularmente o conteúdo de vitaminas naturais, proteger as vitaminas adicionadas e minimizar o aparecimento de produtos de degradação indesejáveis. Os factores que desempenham um papel importante na degradação das vitaminas durante a transformação e o armazenamento incluem a temperatura, os materiais de embalagem, o ar ou o oxigénio, a luz, o teor de humidade, o pH, as enzimas de degradação e os vestígios de elementos metálicos. Estes factores afectariam certamente o teor de vitaminas dos produtos de leite UHT comercializados e o seu valor nutritivo. Por conseguinte, esta parte do estudo foi dedicada ao estudo do efeito do armazenamento na estabilidade de algumas vitaminas hidrossolúveis, nomeadamente a tiamina, a riboflavina e a piridoxina no leite UHT comercializado gordo e desnatado armazenado a diferentes temperaturas (temperatura ambiente, armazenamento a frio).

Amostras de leite UHT integral e desnatado de uma marca foram armazenadas à temperatura ambiente (25$\pm$2°C) e analisadas mensalmente para tiamina, riboflavina e piridoxina, e os resultados são apresentados na Tabela (11). As amostras foram analisadas após 10 dias da data de produção rotulada, e consideradas como amostras UHT frescas (Tabela 11 e Fig. 5). As médias dos teores de tiamina, riboflavina e piridoxina do leite UHT integral fresco foram de 27,53±0,24, 194,23±1,85 e 44,12±1,92 µg/100ml, respetivamente, enquanto que para o leite desnatado

O leite UHT foi de 30,07±0,24, 196,33±1,85 e 45,46±1,92 µg/100ml, respetivamente. Durante o armazenamento pode ser visto que o teor médio de tiamina no leite UHT integral mostrou uma diminuição significativa (P <0,05) de 27,53 µg/100ml para 19,33 µg/100ml após o 1st mês de armazenamento e, em seguida, diminuiu rapidamente atingindo 9.13 µg/100ml após o 2nd mês de armazenamento, e para 6,21 µg/100ml após o 3rd mês de armazenamento, após o qual a tiamina não foi detectada durante o período de armazenamento restante. No leite UHT desnatado, o conteúdo de tiamina mostrou uma diminuição significativa (P <0,05) de 30,07 µg/100ml para 21,30 µg/100ml em 1st mês e para 13,32 µg/100ml em 2nd mês, então o conteúdo de tiamina não foi detectado até o final do período de armazenamento.

Tabela 11: Mudança no conteúdo de algumas vitaminas hidrossolúveis (B1, B2, B6) (µg/100ml) em amostras de leites UHT integral e desnatado durante o armazenamento a 25±2°C.

Storage period (month)	UHT milk (Whole)			UHT milk (Skim)		
	B1	B2	B6	B1	B2	B6
Fresh	27.53[Aa] ± 0.24	194.23[Aa] ± 1.85	44.12[Aa] ± 1.92	30.07[Aa] ± 0.24	196.33[Aa] ± 1.85	45.46[Aa] ± 1.92
1	19.33[Ab] ± 0.24	192.09[Aa] ± 1.85	41.13[Aa] ± 1.92	21.30[Ab] ± 0.24	193.93[Aa] ± 1.85	42.37[Aa] ± 1.92
2	9.13[Ac] ± 0.24	190.36[Aa] ± 1.85	36.82[Aab] ± 1.92	13.32[Ac] ± 0.24	192.80[Aa] ± 1.85	40.69[Ba] ± 1.92
3	6.21[Ac] ± 0.24	188.58[Aa] ± 1.85	24.50[Ab] ± 1.92	> 1.00	190.44[Aa] ± 1.85	37.69[Bb] ± 1.92
4	> 1.00	187.34[Aa] ± 1.85	21.90[Ab] ± 1.92	> 1.00	190.23[Aa] ± 1.85	34.30[Bb] ± 1.92
5	> 1.00	187.12[Aa] ± 1.85	12.17[Ac] ± 1.92	> 1.00	188.42[Aa] ± 1.85	16.36[Bc] ± 1.92

1Médias (±SE, n=3) com as mesmas letras maiúsculas na mesma linha (Tratamentos) não são significativamente diferentes (p≤0,05). Médias (±SE, n=3) com as mesmas letras minúsculas na mesma coluna (Período de armazenamento) não são significativamente diferentes (p≤0,05).* Médias (±) erro padrão (3 réplicas)

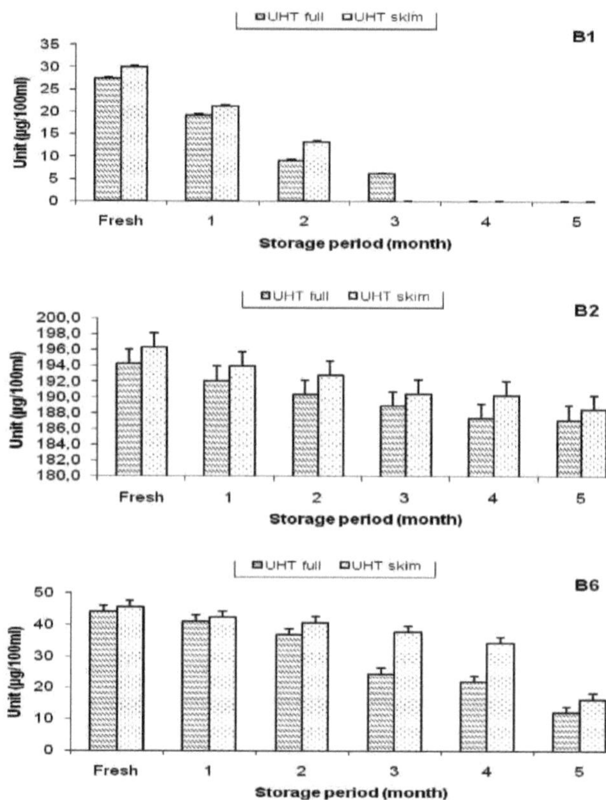

Fig. 5: Alteração no conteúdo de algumas vitaminas hidrossolúveis (B1, B2, B6) (µg/100ml) em amostras de leites UHT integral e desnatado durante o armazenamento a 25±2 °C

Farrer (1955) relatou que a tiamina contém um grupo amino livre que a torna sujeita a perdas no processamento térmico através da reação de Maillard. A partir dos resultados anteriores observou-se que a ausência do teor de tiamina após 90 dias de armazenamento para o leite UHT integral e após 60 dias para o leite UHT desnatado, o que pode ser atribuído ao efeito protetor da gordura do leite, que pode proteger a vitamina B1. Esta opinião estava de acordo com a relatada por **Vidal-Valverde e Redondo (1993)**, que observaram que as perdas de tiamina no leite integral eram menores do que as do leite magro e desnatado. Por outro lado, foi previamente estabelecido que o armazenamento do leite causava uma perda considerável do seu conteúdo de tiamina **(Webb *et al.*, 1974)**. Além disso, **(Gourner e Uherova, 1980)** observaram que a temperatura ultra-alta e o armazenamento à temperatura ambiente causavam perdas de tiamina no leite. **Bayomi e Reuter (1985)** relataram que a tiamina era parcialmente degradada durante o tratamento UHT e que as perdas de tiamina seguiam uma reação de primeira ordem.

O teor médio de riboflavina do leite UHT integral mostrou uma diminuição ligeira mas não significativa (P > 0,05) de 194,23 μg/100ml para 192,09 μg/100ml após o 1° mês de armazenamento à temperatura ambiente e gradualmente atingindo 187,12 μg/100ml no 5th mês de armazenamento. Além disso, no leite UHT desnatado, as mudanças no conteúdo de riboflavina mostraram tendências semelhantes às do leite UHT integral, ou seja, não ocorreram perdas significativas durante o período de armazenamento, o conteúdo de riboflavina do leite UHT desnatado diminuiu de 196,33μg/100ml para 193,93 μg/100ml após o 1st mês de armazenamento e gradualmente depois disso atingindo 188,42 μg/100ml após o 5° mês de armazenamento. Os resultados obtidos obviamente não mostraram nenhuma perda significativa ocorrida durante o período de armazenamento e isso pode ser atribuído às embalagens opacas, usadas em sua embalagem **Kwok, *et al.*, (1998)** relataram que a riboflavina era estável em relação à oxidação e ao calor, mas sensível à luz. Além disso, **(Mestdagh *et al.*, 2005)** mencionaram que o tratamento térmico tinha apenas efeitos negligenciáveis nas concentrações de riboflavina, enquanto a exposição do leite à luz solar resultava numa perda de 20-80% de riboflavina

O conteúdo médio de piridoxina das amostras de leite UHT integral mostrou uma diminuição significativa (P <0,05) durante o armazenamento à temperatura ambiente. Assim, o valor da piridoxina diminuiu de 44,12 μg/100ml para 41,13 μg/100ml após o 1st mês de armazenamento e, em seguida, diminuiu gradualmente para 36,82 μg/100ml após 2nd mês e atingindo 12,17 μg/100ml após 5th mês de armazenamento. Em amostras de leite UHT desnatado mostrou uma diminuição insignificante (P> 0,05) no conteúdo de piridoxina em 1st e 2nd mês de período de armazenamento, em seguida, uma diminuição significativa (P <0,05) foi encontrada no final do período de armazenamento. Assim, o valor da piridoxina diminuiu de 45,46 para 40,69 μg/100ml após o 2nd mês e, em seguida, diminuiu gradualmente atingindo 34,30 μg/100ml após 4th mês, em seguida, diminuiu significativamente atingindo 16,36 μg/100ml após 5th mês. Além disso, não houve diminuição significativa (P> 0.05) no conteúdo de piridoxina em 1st mês de período de armazenamento entre leite UHT integral e leite UHT desnatado, mas uma diminuição significativa (P <0.05) foi encontrada nos meses restantes do período de armazenamento. Isto indica que cerca de 72% do conteúdo de piridoxina do leite UHT integral foi perdido após 5 meses de armazenamento à temperatura ambiente, enquanto que no leite UHT desnatado as perdas de piridoxina atingiram 64% no final de cinco meses de armazenamento.

Este ponto de vista estava de acordo com os relatados por **Ford *et al.*, (1969)** que relataram que nenhuma perda de vitamina B6 ocorreu durante o processamento de leite a temperatura ultra-alta (UHT), mas até 50% da vitamina foi perdida durante 90 dias de armazenamento. **Oamen *et al.*, (1989)** relataram perdas de 85% no conteúdo de piridoxina do leite UHT após 20 semanas de armazenamento, sendo maior do que o encontrado no presente estudo. Isto pode ser devido a diferenças nos sistemas de aquecimento utilizados. No presente estudo foi utilizado o sistema de aquecimento indireto, enquanto que no estudo de Oamen et al. foi utilizado o sistema de aquecimento direto. No entanto, **(Vidal-Valverde e Redondo, 1993)** mencionaram que as perdas de vitamina B6 não dependiam do teor de gordura do leite.

A Tabela 12 e a Fig. 6 mostram os teores médios de tiamina, riboflavina e piridoxina nas amostras de leite UHT integral e desnatado durante o armazenamento a frio a 7±2°C. O conteúdo médio de tiamina do leite UHT integral mostrou um decréscimo significativo (P < 0,05) no 1º, 2º e 3º meses de armazenamento à temperatura do frigorífico. A partir daí, a tiamina não foi detectada até ao final do período de armazenamento. Assim, o teor de tiamina diminuiu rapidamente de 27,53 μg/100ml para 19,53 μg/100ml após o 1º mês de armazenamento e depois diminuiu para 10,65 μg/100ml após o 2º mês e para 8,63 μg/100 ml após o 3º mês. Depois disso, a tiamina não foi detectada até o final do armazenamento. No leite UHT desnatado o teor de tiamina apresentou uma diminuição significativa (P < 0,05) de 30,07 μg/100ml para 21,95 μg/100ml no 1º mês de armazenamento e para 14,29 μg/100ml no 2º mês, depois a tiamina não foi detectada até o final do armazenamento.

Tabela (12): Alteração no teor de algumas vitaminas hidrossolúveis (B1, B2, B6) (µg/100ml) em amostras de leites UHT integral e desnatado durante o armazenamento a 7±2 °C.

Storage period (Month)	UHT milk (Whole)			UHT milk (Skim)		
	B1	B2	B6	B1	B2	B6
Fresh	27.53[Aa] ± 0.24	194.23[Aa] ± 1.85	44.12[Aa] ± 1.92	30.07[Aa] ± 0.24	196.33[Aa] ± 1.85	45.46[Aa] ± 1.92
1	19.53[Ab] ± 0.62	193.53[Aa] ± 1.21	42.39[Aa] ± 1.14	21.95[Ab] ± 0.621	195.98[Aa] ± 1.21	44.72[Aa] ± 1.14
2	10.65[Ac] ± 0.62	192.62[Aa] ± 1.21	39.63[Aab] ± 1.14	14.29[Ac] ± 0.621	195.54[Aa] ± 1.21	43.72[Aa] ± 1.141
3	8.63[Ac] ± 0.62	190.98[Aa] ± 1.21	34.78[Ab] ± 1.14	> 1.00	194.23[Ba] ± 1.21	35.56[Ab] ± 1.14
4	> 1.00	189.54[Aa] ± 1.21	26.47[Ac] ± 1.14	> 1.00	194.03[Ba] ± 1.21	33.88[Bb] ± 1.14
5	> 1.00	190.32[Aa] ± 1.21	13.32[Ad] ± 1.14	> 1.00	192.16[Aa] ± 1.21	18.13[Bc] ± 1.14

1Médias (±SE, n=3) com as mesmas letras maiúsculas na mesma linha (Tratamentos) não são significativamente diferentes (p≤0,05). Médias (±SE, n=3) com as mesmas letras minúsculas na mesma coluna (Período de armazenamento) não são significativamente diferentes (p≤0,05).* Médias (±) erro padrão (3 réplicas)

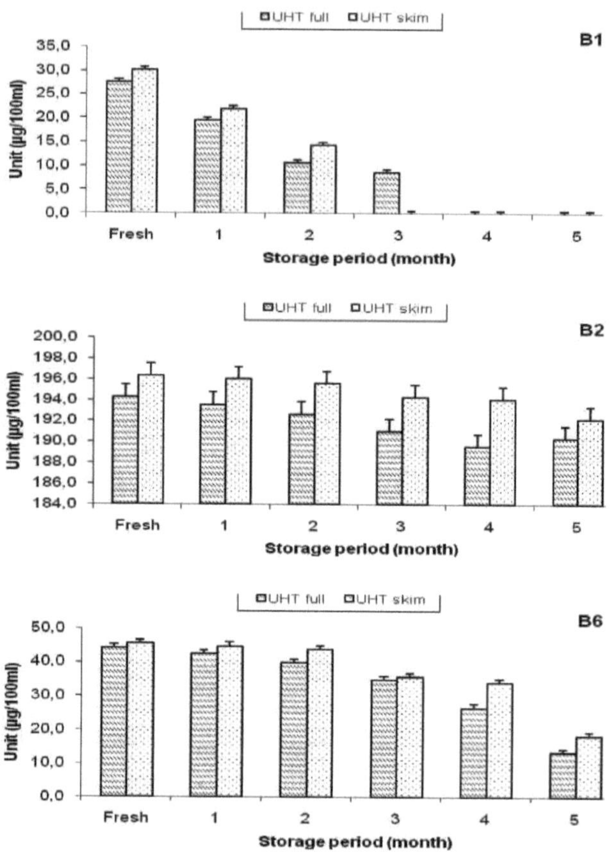

Fig. 6: Alteração no conteúdo de algumas vitaminas hidrossolúveis (B1, B2, B6) (µg/100ml) em amostras de leites UHT integral e desnatado durante o armazenamento a 7±2 °C.

Biesalski e Back, (2002) relataram que o leite fresco em garrafas escuras perdeu 24% do seu conteúdo inicial de tiamina quando armazenado durante 24 horas a 4°C, 14% quando armazenado a 12°C e 16% quando armazenado a 20°C.

Além disso, durante o armazenamento à temperatura do frigorífico, o teor de riboflavina das amostras de leite UHT integral mostrou uma diminuição insignificante (P > 0,05) de 194,23 µg/100ml para 190,32 µg/100ml após o 5th mês. O mesmo também foi encontrado no leite UHT desnatado, onde o teor de riboflavina não apresentou perdas significativas durante o período de armazenamento. Assim, o teor de riboflavina diminuiu de 196,33µg/100ml para 192,16µg/100ml após o 5th mês. **Munoz *et al.*, (1994)** relataram que a riboflavina perdeu 16-23% do seu conteúdo de leite processado UHT armazenado em caixas de polietileno abertas após 6 dias de armazenamento refrigerado. Além disso, o armazenamento do leite UHT em embalagens

Recomenda-se a utilização de garrafas de plástico, caixas de cartão de cera estanques ou garrafas especiais de polietileno terftalato (PET) **(Mestdagh *et al.*, 2005)**.

O conteúdo de piridoxina das amostras de leite UHT integral mostrou uma diminuição não significativa (P > 0,05) após um ou dois meses de armazenamento a frio. Assim, o teor de piridoxina diminuiu de 44,12 µg/100ml para 39,63 µg/100ml após dois meses de armazenamento e, em seguida, diminuiu significativamente para 13,32 µg/00ml no final do armazenamento. Além disso, as amostras de leite UHT desnatado mostraram uma diminuição insignificante (P> 0,05) no conteúdo de piridoxina em 1st e 2nd meses de período de armazenamento, então uma diminuição significativa (P <0,05) ocorreu até o final do período de armazenamento. Assim, o teor de piridoxina do leite UHT desnatado diminuiu ligeiramente de 45,46 µg/100 ml para 43,72 µg/00ml após o 2nd mês, depois disso diminuiu gradualmente, mas significativamente, para depois atingir 18,13 µg/00ml após cinco meses de armazenamento. Além disso, não há diferença significativa (P < 0,05) no conteúdo de piridoxina nos leites UHT integral e desnatado durante os primeiros três meses de armazenamento, mas foram encontradas diferenças significativas (P < 0,05) entre eles até o final do armazenamento do leite. A comparação das alterações na tiamina, riboflavina e piridoxina do leite gordo e magro armazenado à temperatura ambiente e no frigorífico indica ligeiras diferenças nas perdas nas amostras armazenadas a ambas as temperaturas.

Do que precede, podemos concluir que ocorreram perdas mensuráveis de tiamina e piridoxina durante o armazenamento, enquanto a riboflavina mostrou uma boa estabilidade no armazenamento. Recomenda-se que as perdas no conteúdo vitamínico do leite UHT devem ser tidas em consideração para determinar o prazo de validade dos produtos.

4.4. Parte IV: Utilização de algumas bactérias produtoras de vitamina B como culturas adjuvantes no fabrico de iogurte

A fortificação de alimentos com vitaminas é uma prática comum para muitos alimentos, de modo a melhorar o seu valor nutritivo e a fornecer vitaminas ao consumidor numa matriz natural, sendo melhor do que a preparação farmacêutica. A adição direta de uma vitamina sintetizada quimicamente é a forma habitual de fortificação com vitaminas. No entanto, a utilização de microrganismos que produzem vitaminas foi introduzida como uma nova tendência para o enriquecimento de alimentos fermentados com vitaminas. Esta abordagem tem várias vantagens sobre as fortificações diretas com vitaminas que podem ser resumidas da seguinte forma:

- A utilização de microrganismos produtores de vitaminas pode ser considerada como uma forma económica de fortificação dos alimentos com vitaminas. As utilizações de vitaminas sintéticas aumentam normalmente os custos da fortificação dos alimentos com vitaminas.

- A utilização de microrganismos produtores de vitaminas não requer qualquer passo adicional no fabrico do leite fermentado, enquanto que a mistura de vitaminas sintéticas necessita de uma disposição especial para assegurar uma distribuição uniforme na matriz alimentar.

- Em alguns casos, as vitaminas sintéticas tinham um efeito adverso nas propriedades sensoriais do produto, enquanto a produção bacteriana de vitaminas afectaria minimamente a qualidade do produto.

Na presente parte do estudo, foram feitas tentativas para explorar a possível utilização de alguns microrganismos de qualidade alimentar conhecidos por produzirem algumas vitaminas do grupo B como cultura adjunta no fabrico de iogurte. O objetivo da utilização destes microrganismos era aumentar algumas vitaminas B no iogurte sem afetar a sua qualidade.

4.4.1. Propriedades químicas

4.4.1.1. valor do pH

O pH inicial do leite era de 6,57- 6,60 e diminuiu após a fermentação para 4,92, 4,96, 4,83 e 4,87 para os controlos T1, T2 e T3, respetivamente. Como mostra a Tabela 13 e a Fig. 7, todas as amostras de iogurte mostraram uma diminuição significativa ($P < 0,05$) do pH no terceiro dia, após o qual as diminuições não foram significativas ($P > 0,05$) para o resto do período de armazenamento. Esta diminuição pode ser atribuída às alterações residuais da fermentação. O pH diminuiu ($p < 0,05$) à mesma taxa em todas as amostras de iogurte durante o armazenamento. Não houve diferenças significativas ($P > 0,05$) no pH do controlo e de todos os tratamentos. Assim, a suplementação com diferentes fermentos lácteos não teve influência ($P > 0,05$) nem no processo de fermentação nem nas alterações do pH do iogurte durante todo o armazenamento.

Tabela (13): Alterações no pH durante o armazenamento do controlo e de outros tratamentos de iogurte armazenados a 7±2°C durante 15 dias.

Storage period	Control	T1	T2	T3
Fresh	$4.92^{Aa} \pm 0.02$	$4.96^{Aa} \pm 0.01$	$4.83^{Aa} \pm 0.01$	$4.87^{Aa} \pm 0.01$
3 days	$4.74^{Ab} \pm 0.02$	$4.74^{Ab} \pm 0.01$	$4.66^{Ab} \pm 0.01$	$4.63^{Ab} \pm 0.01$
9 days	$4.73^{Ab} \pm 0.02$	$4.74^{Ab} \pm 0.01$	$4.67^{Ab} \pm 0.01$	$4.69^{Ac} \pm 0.01$
15 days	$4.72^{Ab} \pm 0.02$	$4.69^{Ab} \pm 0.01$	$4.63^{Ab} \pm 0.01$	$4.61^{Ab} \pm 0.01$

*Médias (±SE, n=3) com as mesmas letras maiúsculas na mesma linha (Tratamentos) não são significativamente diferentes (p≤0,05). Médias (±SE, n=3) com as mesmas letras minúsculas na mesma coluna (Período de armazenamento) não são significativamente diferentes (p≤0,05). * Médias (±) erro padrão (3 réplicas). Controlo: iogurte com (*S. thermophilus, L. bulgaricus*),T1: iogurte com (*S. thermophilus, L. bulgaricus, e B. bifidum*), T2: iogurte com (*S. thermophilus, L. bulgaricus, e L. plantarum*),T3: iogurte com (*S. thermophilus, L. bulgaricus, , B. bifidum e L. plantarum*).

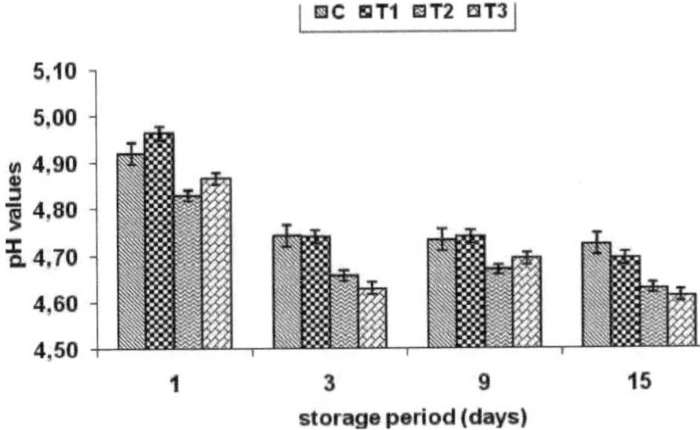

Fig. 7: Alterações do pH durante o armazenamento do controlo e dos outros tratamentos de iogurte armazenados a 7±2°C durante 15 dias

4.4.1.2. Sólidos totais

Como se pode ver na Tabela (14) e na Fig. (8), observou-se um aumento gradual dos sólidos totais de todas as amostras de iogurte até ao dia 15, sendo o aumento significativo (P<0,05) apenas no dia 3 no controlo e no T1.

Tabela (14): Alterações nos sólidos totais durante o armazenamento do controlo e de outros tratamentos de iogurte armazenados a 7±2°C durante 15 dias.

Storage period	Control	T1	T2	T3
Fresh	14.56^{Aa}	14.64^{Aa}	$14.55^{Aa}\pm$	14.82^{Aa}
	±0.13	±0.46	0.09	±0.21
3 days	15.45^{Ab}	15.59^{Ab}	14.59^{Ba}	15.04^{ABa}
	±0.13	±0.46	±0.09	±0.21
9 days	15.73^{Ab}	15.56^{Ab}	15.07^{Bb}	15.26^{Ab}
	±0.13	±0.46	±0.09	±0.21
15 days	15.75^{Ab}	15.63^{Ab}	15.24^{Ab}	15.30^{Ab}
	±0.13	±0.46	±0.09	±0.21

*Médias (±SE, n=3) com as mesmas letras maiúsculas na mesma linha (Tratamentos) não são significativamente diferentes (p≤0,05). Médias (±SE, n=3) com as mesmas letras minúsculas na mesma coluna (Período de armazenamento) não são significativamente diferentes (p≤0,05). * Médias (±) erro padrão (3 réplicas)

Controlo: iogurte com (*S. thermophilus, L. bulgaricus*),T1: iogurte com (*S. thermophilus, L. bulgaricus*, e *B. bifidum*),

T2: iogurte com *(S. thermophilus, L. bulgaricus,* e *L. plantarum),*T3: iogurte com *(S. thermophilus, L. bulgaricus, , B. bifidum* e *L. plantarum).*

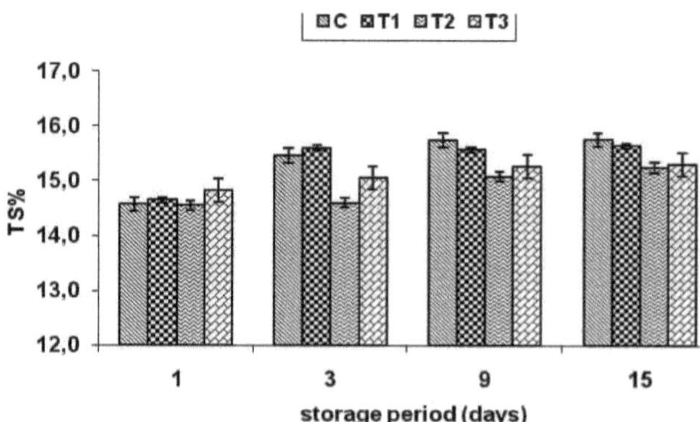

Fig.8: Alterações nos sólidos totais durante o armazenamento do controlo e de outros tratamentos de iogurte armazenados a 7±2°C durante 15 dias

Este aumento pode ser atribuído ao nível de separação do soro de leite na amostra. O nível de separação do soro depende da capacidade da matriz de reter o soro (**Ritcher e Hartman, 1997**). Não houve diferença significativa (P > 0,05) nos sólidos totais do controlo e de todos os tratamentos

4.4.1.3. Vitaminas hidrossolúveis

Os resultados obtidos revelaram dois efeitos diferentes no teor de tiamina B1, riboflavina B2 e piridoxina B6. O primeiro foi o efeito do crescimento da cultura do iogurte no teor destas vitaminas. O segundo foi o efeito do armazenamento a frio no teor de vitaminas nos iogurtes fabricados.

4.4.1.3.1 Teor de tiamina

A Tabela 15 e a Fig. 9 mostram o teor de tiamina do iogurte como afetado pelo tipo de fermento utilizado e pelo período de armazenamento. Foram encontradas diferenças marcantes no teor de tiamina do iogurte fresco feito com diferentes iniciadores, uma vez que o controlo apresentou o menor teor de tiamina de 25,52 µg/ 100g. Esta diminuição do teor de tiamina na amostra de iogurte de controlo pode ser atribuída principalmente ao efeito do crescimento do fermento de iogurte, conforme relatado por **Brochu *et al.*, (1959)**. Estes autores referiram que, quando se utilizava uma cultura mista constituída por *Streptococcus thermophilus* e *Lactobacillus bulgaricus*, ocorria uma diminuição do teor de tiamina. Este facto está de acordo com o que foi referido por **Glass e Hedrick (1975), segundo** os quais a utilização de várias espécies de bactérias lácticas no leite de cultura consumia tiamina, especialmente durante as primeiras horas de incubação. Por outro lado, T1 apresentou o maior valor de tiamina de 42,60 µg/ 100g, T2 e T3 apresentaram valores médios de tiamina de 36,87 µg/ 100g e 38,67µg/ 100g, respetivamente. Estes resultados sugerem que o *B.bifidum* produziu tiamina no produto, e que *o L. plantarum* produziu a mesma, mas em menor quantidade que o *B.bifidum*. **Deguchi *et al.* (1985)** enumeraram as vitaminas B, como a tiamina (B1), a piridoxina

(B6) e ácido fólico (B9) sintetizados por diferentes *Bifidobacteria spp.* Achados semelhantes foram observados por **Tamime *et al.* (1995).** Foi relatado que a fermentação do leite que envolve bifidobactérias aumenta o teor de vitaminas do grupo B do produto, particularmente em tiamina, niacina, piridoxina e ácido fólico **(Tamime *et al.*, 1995).** Durante o armazenamento, o teor de tiamina dos iogurtes dos diferentes tratamentos diminuiu em todos os tratamentos, sendo mais pronunciado nos iogurtes que continham o adjuvante de arranque. Assim, no T1, o teor de tiamina diminuiu rapidamente de 42,60 µg /100g para 32,43 µg/100g após 3 dias e, em seguida, gradualmente depois disso, atingindo 30,64 µg/100g após 15 dias. O mesmo também foi encontrado para T2 e T3 atingindo 25,14µg∏00g e 26,42 µgZ100g respetivamente após 15 dias.

Tabela (15): Alterações no teor de tiamina (B1) (µgZ100g) durante o armazenamento do controlo e de outros tratamentos de iogurte armazenados a 7±2°C durante 15 dias.

Storage period	Control	T1	T2	T3
Fresh	25.52^{Aa} ±2.30	42.60^{Ba} ±2.75	$36.87^{Ba} \pm 2.25$	$38.67^{Ba} \pm$ 2.46
3 days	24.34^{Aa} ±2.30	32.43^{Bb} ±2.75	31.52^{Bab} ±2.25	32.73^{Bab} ±2.46
9 days	23.54^{Aa} ±2.30	30.05^{Bb} ±2.75	$27.23^{Bb} \pm2.25$	28.03^{Bb} ±2.46
15 days	20.24^{Aa} ±2.30	30.54^{Bb} ±2.75	$25.74^{Bb} \pm2.25$	26.42^{Bb} ±2.46

1Médias (±SE, n=3) com as mesmas letras maiúsculas na mesma linha (Tratamentos) não são significativamente diferentes (p≤0,05). Médias (±SE, n=3) com as mesmas letras minúsculas na mesma coluna (Período de armazenamento) não são significativamente diferentes (p≤0,05). * Médias (±) erro padrão (3 réplicas)

Controlo: iogurte com (*S. thermophilus, L. bulgaricus*),T1: iogurte com (*S. thermophilus, L. bulgaricus*, e *B. bifidum*), T2: iogurte com *(S. thermophilus, L. bulgaricus,* e *L. plantarum)*,T3: iogurte com (*S. thermophilus, L. bulgaricus, , B. bifidum* e *L. plantarum)*.

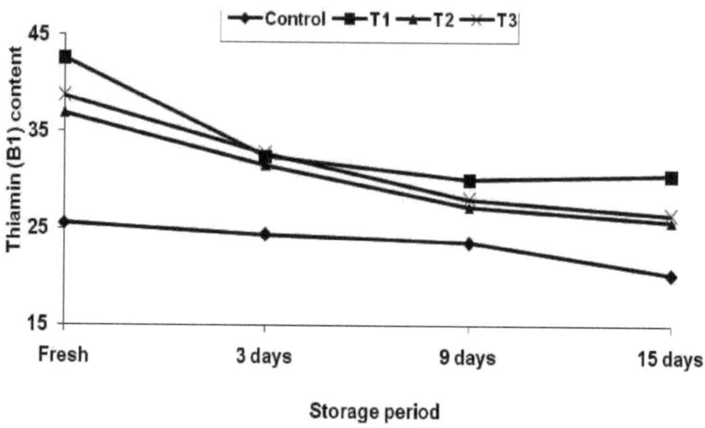

Fig. 9: Alterações no teor de tiamina (B1) µg/100g durante o armazenamento do controlo e de outros tratamentos de iogurte armazenados a 7±2°C durante 15 dias

No final do período de armazenamento (15 dias), o iogurte feito com a utilização de Bifidobacteria como cultura adjunta tinha um teor de tiamina cerca de 1,5 vezes superior ao do iogurte feito com o fermento normal de iogurte, enquanto o iogurte feito com a utilização de *L. plantarum* ou mistura de *L. plantarum* e *B. bifidum* tinha 1,25 vezes mais tiamina do que o controlo.

4.4.1.3.2. Teor de riboflavina

A Tabela 16 e a Fig. 10 mostram o teor de riboflavina do iogurte como afetado pelo tipo de fermento utilizado e pelo período de armazenamento. Foram encontradas diferenças claras no teor de riboflavina do iogurte fresco feito com diferentes iniciadores, uma vez que o T1 apresentou o menor teor de riboflavina de 180,46 µg/ 100g, o T2 apresentou o maior valor de riboflavina de 199,32 µg/ 100g, enquanto o controlo e o T3 apresentaram valores médios de riboflavina de 187,53 µg/ 100g e 183,54 µg/ 100g, respetivamente. Estes resultados sugerem que *o L. plantarum* produziu riboflavina no produto. **Capozzi *et al.*, (2011)** relataram que o uso de duas cepas superprodutoras de riboflavina de *L. plantarum* usadas para a preparação de pão (por meio de fermentação de massa azeda) aumentou o teor de vitamina B2 do pão obtido. Durante o armazenamento, o teor de riboflavina do iogurte dos diferentes tratamentos aumentou significativamente (P < 0,05) no dia 3, e depois aumentou gradualmente, mas ligeiramente, durante o restante período de armazenamento. Assim, em T3 o teor de riboflavina aumentou rapidamente de 183,54 µg /100g para 273,40 µg/100g após 3 dias e atingiu 285,14µg/100g após 15 dias. O mesmo também foi encontrado para T1 e T2 atingindo 243,40µg/100g e 279,26 µg/100g respetivamente após 15 dias. Além disso, há uma diminuição insignificante no teor de riboflavina das amostras de iogurte de controlo para o teor de riboflavina após 9 dias de armazenamento, mas diminuiu posteriormente para atingir 200,70 µg/100g no final do período de armazenamento. **Kneifel *et al.*, (1992)** mostraram que, a maioria dos fermentos lácteos para iogurte diminuíram as concentrações de riboflavina, enquanto outros podem aumentar os níveis desta vitamina essencial até 60% da concentração inicial presente no leite não fermentado, o que pode explicar a diferença no comportamento dos diferentes fermentos utilizados na preparação de iogurte. No final do período de armazenamento, os iogurtes elaborados com a utilização de uma cultura adjunta probiótica apresentavam níveis de riboflavina muito superiores aos do controlo, em particular os iogurtes elaborados com a utilização de *L. plantarum*.

Tabela (16): Alterações no teor de riboflavina (B2) ($\mu g/100g$) durante o armazenamento do controlo e dos outros tratamentos de iogurte armazenados a $7\pm2°C$ durante 15 dias.

Storage period	Control	T1	T2	T3
Fresh	$187.53^{Ba} \pm$ 2.47	180.46^{Ba} ±7.40	199.32^{Aa} ±6.05	183.54^{Ba} ±5.69
3 days	$222.87^{Ab} \pm$ 2.47	222.34^{Ab} ±7.40	260.34^{Bb} ±6.05	273.40^{Bb} ±5.69
9 days	$220.47^{Ab} \pm$ 2.47	253.12^{Bc} ±7.40	268.27^{Bb} ±6.05	286.57^{Cb} ±5.69
15 days	$200.70^{Ab} \pm$ 2.47	243.40^{Bb} ±7.40	279.26^{Cb} ±6.05	285.14^{Cb} ±5.69

*Médias ($\pm$SE, n=3) com as mesmas letras maiúsculas na mesma linha (Tratamentos) não são significativamente diferentes ($p\leq0,05$). Médias ($\pm$SE, n=3) com as mesmas letras minúsculas na mesma coluna (Período de armazenamento) não são significativamente diferentes ($p\leq0,05$). * Médias ($\pm$) erro padrão (3 réplicas)

Controlo: iogurte com (*S. thermophilus, L. bulgaricus*),T1: iogurte com (*S. thermophilus, L. bulgaricus, e B. bifidum*), T2: iogurte com *(S. thermophilus, L. bulgaricus, e L. plantarum)*,T3: iogurte com (*S. thermophilus, L. bulgaricus, , B. bifidum e L. plantarum)*.

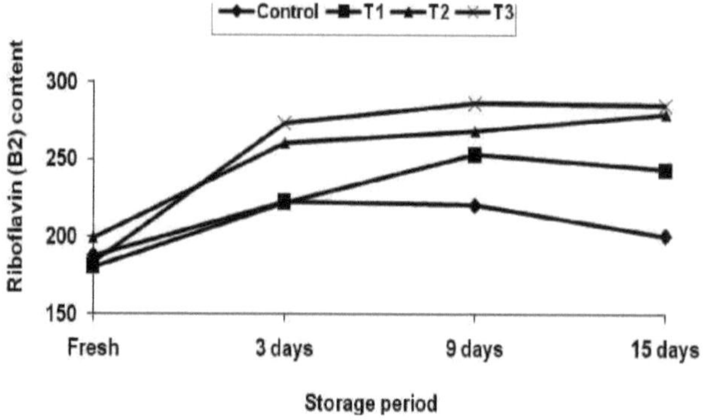

Fig. 10: Alterações no teor de riboflavina (B2) (μg/100g) durante o armazenamento do controlo e de outros tratamentos de iogurte armazenados a 7±2°C durante 15 dias

4.4.1.3.3. Teor de piridoxina

Os teores de piridoxina do iogurte afectados pelo tipo de fermento utilizado e pelo período de armazenamento são apresentados na Tabela 17 e ilustrados na Fig. 11. Foram encontradas diferenças no conteúdo de piridoxina no iogurte fresco feito; assim, T2 mostrou o menor conteúdo médio de piridoxina de 40,70 μg/100g, T1 mostrou o maior conteúdo de piridoxina de 73,60 μg/100g, controle e T3 mostraram valor médio de piridoxina quase semelhante de 56,03 μg/100g e 54,53 μg/100g, respetivamente.

Estes resultados sugerem que a *B. bifidum* produziu piridoxina durante a fermentação e o fabrico de iogurte. Isto estava de acordo com um estudo anterior **(Champagne *et al.*, 2010)** que relatou um aumento na concentração de piridoxina como resultado da fermentação da soja com *Strep. thermophilus* e *Bifidobacteria spp*. Além disso, **(Pakhlevanyan e Erzinkyan, 1969)** registaram a biossíntese de ácido pantoténico, vitamina B6 e biotina por estreptococos, o que pode explicar o elevado teor de piridoxina das amostras de controlo. Durante o armazenamento, o teor de piridoxina do iogurte dos diferentes tratamentos diminuiu. Assim, em T1, o teor de piridoxina diminuiu rapidamente de 73,60 μg/100g para 24,63 μg/100g após três dias e, em seguida, gradualmente depois disso, atingindo 14,62 μg/100g após 9 dias e depois não detectado após 15 dias. O mesmo também foi encontrado para o controlo, T2 e T3, atingindo 21,75 μg/100g, 13,93 μg/100g e 23,06 μg/100g, respetivamente, após 9 dias e depois desapareceu após 15 dias. Parece que as diferentes bactérias utilizadas no fabrico de iogurte, produzem e consomem B6. No entanto, as taxas de consumo de B6 excedem a sua produção pelas culturas utilizadas.

Tabela (17): Alterações no teor de Piridoxina (B6) (µg/100g) durante o armazenamento do controlo e dos outros tratamentos de iogurte armazenados a 7±2°C durante 15 dias.

Storage period	Control	T1	T2	T3
Fresh	56.03^{Aa} ±6.70	73.60^{Ca} ± 22.20	40.70^{Ba} ± 1.17	54.53^{Aa} ± 7.53
3 days	24.97^{Ab} ±6.70	24.63^{Ab} ±22.20	20.17^{Ab} ±1.17	19.73^{Ab} ± 7.53
9 days	21.75^{Abc} ±6.70	14.62^{Bc} ±22.20	13.93^{Bc} ± 1.17	23.06^{Ab} ±7.53
15 days	> 1.00	> 1.00	> 1.00	> 1.00

*Médias (±SE, n=3) com as mesmas letras maiúsculas na mesma linha (Tratamentos) não são significativamente diferentes (p≤0,05). Médias (±SE, n=3) com as mesmas letras minúsculas na mesma coluna (Período de armazenamento) não são significativamente diferentes (p≤0,05). * Médias (±) erro padrão (3 réplicas). Controlo: iogurte com (*S. thermophilus, L. bulgaricus)*, T1: iogurte com (*S. thermophilus, L. bulgaricus,* e *B. bifidum*), T2: iogurte com *(S. thermophilus, L. bulgaricus,* e *L. plantarum)*, T3: iogurte com (*S. thermophilus, L. bulgaricus,* , *B. bifidum* e *L. plantarum)*.

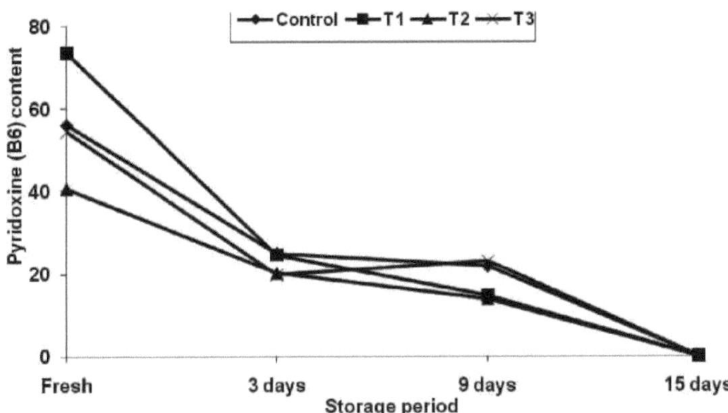

Fig. 11: Alterações no teor de piridoxina (B6) (µg/100g) durante o armazenamento do controlo e de outros tratamentos de iogurte armazenados a 7±2°C durante 15 dias

4.4.2 Propriedades microbiológicas

A Tabela 18 e a Fig. 12 demonstram as alterações nas contagens (log cfu/ml) dos fermentos de iogurte, incluindo *S. thermophilus, L. bulgaricus, L. plantarum* e *B. bifidum* durante o armazenamento refrigerado do iogurte. Em geral, houve uma diferença significativa (P < 0,05), nas contagens de *S. thermophilus, L. bulgaricus, L. plantarum* e *B. bifidum* entre os tratamentos de iogurte quando fresco e no final do período de armazenamento do iogurte. No controlo, verificou-se um aumento das contagens de bactérias lácticas quando frescas e ao terceiro dia, tendo-se verificado uma diminuição significativa (P < 0,05) até ao final do período de armazenamento do iogurte. Esta redução nas contagens dos diferentes microrganismos pode ser atribuída à elevada acidez produzida pelos ácidos lático e acético **(Dave e Shah, 1997)**. Durante o armazenamento, as contagens de *B. bifidum* no T1 diminuíram significativamente (p < 0,05) em relação à contagem inicial do período de armazenamento do iogurte, mas foi detectado um aumento significativo (P > 0,05) nas contagens de bactérias do ácido lático até ao 15º dia neste tratamento. Este aumento nas contagens de bactérias lácticas pode ser devido à presença de algum apoiante de crescimento. Durante o tempo de armazenamento em T2, foi detectado um aumento significativo (P > 0,05) nas contagens de S. *thermophilus* e *L. plantarum* no dia 3, atingindo 8,95 log cfu/ml e 8,90 log cfu/ml, respetivamente, e as contagens de *L. bulgaricus* no dia 9 atingindo 8,99 log cfu/ml. Posteriormente, uma diminuição significativa (P < 0,05) na contagem desses microrganismos até o dia 15. Além disso, em T3 foi encontrado um aumento significativo (P > 0,05) nas contagens de S. *thermophilus, L.bulgaricus* e *L. plantarum* no dia 9, atingindo 9,05, 8,83 e 9,26 log ufc/ml, respetivamente, e nas contagens de *B. bifidum* no dia 15, atingindo 8,73 log ufc/ml. Depois disso, foi observada uma diminuição significativa (P < 0,05) na contagem de S. *thermophilus, L.bulgaricus* e *L. plantarum* no dia 15.

A partir dos resultados do presente estudo, a melhor combinação de organismos para a produção de vitaminas em estudo parece ser *S. thermophilus, L. plantarum* e *B. bifidum* e é necessária uma fortificação destas estirpes para que o iogurte forneça uma boa fonte de vitaminas dietéticas.

Tabela (18): Alterações nas contagens de S. *thermophilus, L. bulgaricus, L. plantarum* e *B. bifidum* (log cfu/ml) durante o armazenamento do controlo e de outros tratamentos de iogurte armazenados a 7±2°C durante 15 dias

Storage period	Control	T1	T2	T3
S. thermophilus (log cfu/ml)				
Fresh	$8.98^{Aa} \pm 0.04$	$8.34^{Ba} \pm 0.05$	$8.46^{Ba} \pm 0.05$	$8.95^{Aa} \pm 0.04$
3 days	$9.04^{Aa} \pm 0.04$	$8.67^{Bb} \pm 0.05$	$8.95^{Ab} \pm 0.05$	$8.76^{Bb} \pm 0.04$
9 days	$8.78^{Ab} \pm 0.04$	$8.51^{Bab} \pm 0.05$	$8.08^{Cc} \pm 0.05$	$9.05^{Dc} \pm 0.04$
15 days	$8.30^{Ac} \pm 0.04$	$8.60^{Bb} \pm 0.05$	$8.59^{Ba} \pm 0.05$	$8.34^{Cd} \pm 0.04$
L. bulgaricus (log cfu/ml)				
Fresh	$8.91^{Aa} \pm 0.07$	$8.34^{Ba} \pm 0.04$	$8.16^{Ba} \pm 0.03$	$8.34^{Ba} \pm 0.03$
3 days	$8.94^{Aa} \pm 0.07$	$8.52^{Bb} \pm 0.04$	$8.72^{Cb} \pm 0.03$	$8.48^{Ba} \pm 0.03$
9 days	$8.71^{Ab} \pm 0.07$	$8.92^{Bc} \pm 0.04$	$8.99^{Cc} \pm 0.03$	$8.83^{Db} \pm 0.03$
15 days	$8.08^{Ac} \pm 0.07$	$8.94^{Bc} \pm 0.04$	$8.69^{Cb} \pm 0.03$	$8.62^{Cc} \pm 0.03$
L. plantarum (log cfu/ml)				
Fresh	-	-	$8.50^{Aa} \pm 0.04$	$8.85^{Ba} \pm 0.05$
3 days	-	-	$8.90^{Ab} \pm 0.04$	$8.85^{Ba} \pm 0.05$
9 days	-	-	$8.79^{Ac} \pm 0.04$	$9.26^{Bb} \pm 0.05$
15 days	-	-	$8.48^{Aa} \pm 0.04$	$8.48^{Ac} \pm 0.05$
B. bifidum (log cfu/ml)				
Fresh	-	$8.85^{Aa} \pm 0.05$	-	$8.59^{Ba} \pm 0.03$
3 days	-	$8.18^{Ab} \pm 0.05$	-	$8.26^{Ab} \pm 0.03$
9 days	-	$8.59^{Ac} \pm 0.05$	-	$8.60^{Aa} \pm 0.03$
15 days	-	$8.52^{Ac} \pm 0.05$	-	$8.73^{Bc} \pm 0.03$

*Médias (±SE, n=3) com as mesmas letras maiúsculas na mesma linha (Tratamentos) não são significativamente diferentes (p≤0,05). Médias (±SE, n=3) com as mesmas letras minúsculas na mesma coluna (Período de armazenamento) não são significativamente diferentes (p≤0,05). * Médias (±) erro padrão (3 réplicas). Controlo: iogurte com (*S. thermophilus, L. bulgaricus*),T1: iogurte com (*S. thermophilus, L. bulgaricus,* e *B. bifidum*), T2: iogurte com (*S. thermophilus, L. bulgaricus,* e *L. plantarum*),T3: iogurte com (*S. thermophilus, L. bulgaricus, , B. bifidum* e *L. plantarum*).

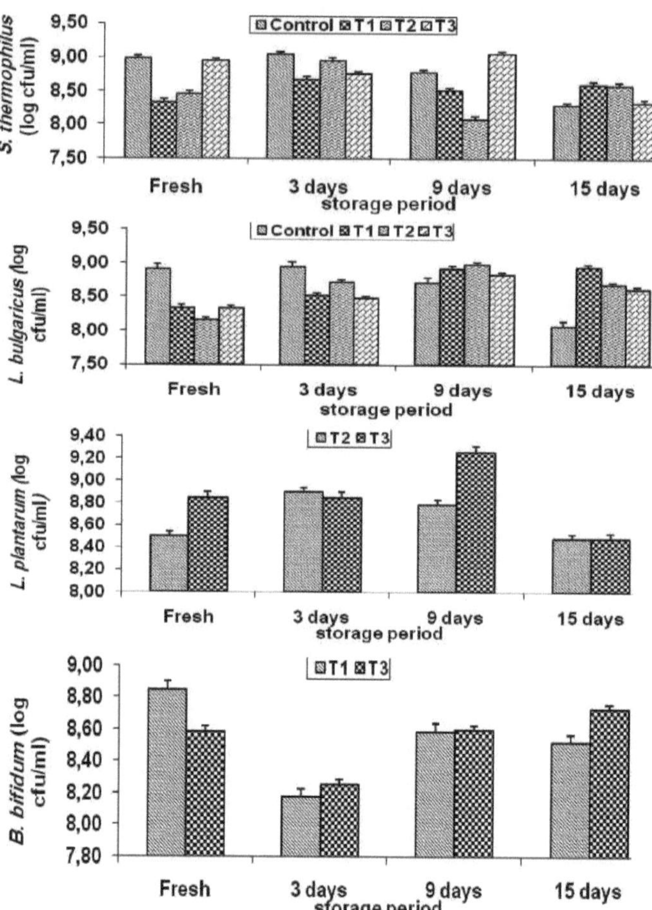

Fig. 12. Alterações nas contagens de S. *thermophilus*, *L. bulgaricus*, *L. plantarum* e *B. bifidum* (log cfu/ml) durante o armazenamento do controlo e de outros tratamentos de iogurte armazenados a 7±2°C durante 15 dias. **4.4.3. Propriedades sensoriais**

Como se mostra na Tabela 19 e se ilustra na Fig. 12, não houve diferenças significativas nas pontuações para os diferentes atributos sensoriais entre todos os tratamentos e o controlo em diferentes períodos de armazenamento. Isto indica que a adição de culturas adjuvantes não teve efeitos adversos no aspeto, sabor e corpo e textura do iogurte. No entanto, registaram-se diminuições significativas na pontuação das propriedades dos atributos sensoriais (aspeto, corpo e textura e sabor) em todos os tratamentos de iogurte durante o armazenamento. Assim, os decréscimos nas pontuações do aspeto, sabor, corpo e textura foram significativos (P<0,05) no dia 9, o que pode ser atribuído ao desenvolvimento da acidez e/ou à separação do soro neste período de armazenamento, o que pode prejudicar o sabor ácido agradável do iogurte. Observações semelhantes **(Routray e Mishra, 2011) constataram** que o tempo de armazenamento teve um impacto negativo nas pontuações de sabor do iogurte, que atribuíram a alterações nos compostos aromáticos.

Tabela (19): Propriedades sensoriais durante o armazenamento do iogurte de controlo e outros tratamentos de iogurte armazenados a 7 ±2°C durante 15 dias.

Treat.	Storage period	Sensory properties		
		Appearance	Body& Texture	Flavor
Control	Fresh	4.00^{Ba} ±0.11	3.88^{Ba}±0.09	3.89^{Ba}±0.10
	3 days	3.86^{Bb}±0.11	3.59^{Bb}±0.09	3.62^{Bb}±0.10
	9 days	3.08^{Bc}±0.11	3.00^{Bc}±0.09	3.19^{Bc}±0.10
	15 days	2.81^{Ad}±0.11	2.74^{Ad}±0.09	2.74^{Ad}±0.10
T1	Fresh	4.40^{Ba}±0.11	3.86^{Ba}±0.09	3.79^{Ba}±0.10
	3 days	4.01^{Bb}±0.11	3.94^{Bb}±0.09	3.81^{Bb}±0.10
	9 days	3.80^{Bc}±0.11	3.74^{Bc}±0.09	3.39^{Bc}±0.10
	15 days	3.50^{Bd}±0.11	3.53^{Bd}±0.09	3.13^{Bd}±0.10
T2	Fresh	4.49^{Ba}±0.11	4.58^{Ba}±0.09	4.29^{Ca}±0.01
	3 days	4.00^{Bb}±0.11	4.00^{Bb}±0.09	4.12^{Cb}±0.01
	9 days	3.69^{Bc}±0.11	3.48^{Bc}±0.09	3.71^{Cc}±0.01
	15 days	3.41^{Bd}±0.11	3.38^{Bd}±0.09	3.14^{Cd}±0.01
T3	Fresh	4.09^{Ba}±0.11	4.00^{Ba}±0.09	4.18^{Ba}±0.01
	3 days	4.06^{Bb}±0.11	4.03^{Bb}±0.09	3.94^{Bb}±0.01
	9 days	3.76^{Bc}±0.11	3.72^{Bc}±0.09	3.42^{Bc}±0.01
	15 days	3.43^{Bd}±0.11	3.42^{Bd}±0.09	3.11^{Bd}±0.01

*Médias (±SE, n=3) com as mesmas letras maiúsculas na mesma linha (Tratamentos) não são significativamente diferentes (p≤0,05). Médias (±SE, n=3) com as mesmas letras minúsculas na mesma coluna (Período de armazenamento) não são significativamente diferentes (p≤0,05). * Médias (±) erro padrão (3 réplicas). Controlo: iogurte com (*S. thermophilus, L. bulgaricus)*, T1: iogurte com (*S. thermophilus, L. bulgaricus,* e *B. bifidum*), T2: iogurte com *(S. thermophilus, L. bulgaricus,* e *L. plantarum),* T3: iogurte com (*S. thermophilus, L. bulgaricus, , B. bifidum* e *L. plantarum)*

Do que precede, pode concluir-se que a adição de probiótico *B. bifidum, L. plantarum* ou a sua mistura como cultura adjunta no fabrico de iogurte não teve qualquer efeito adverso na composição química, pH e propriedades organolépticas do iogurte resultante. Por outro lado, a adição do probiótico aumentou o teor de tiamina, riboflavina e piridoxina no produto fresco. No entanto, foram encontradas perdas variáveis nas vitaminas hidrossolúveis determinadas, mas o nível de tiamina e riboflavina revelou-se superior ao do iogurte produzido sem a sua adição. *O B. bifidum* foi melhor no aumento do teor de tiamina do iogurte, enquanto *o L. platarum* proporcionou uma maior quantidade de riboflavina no iogurte. A adição destas culturas probióticas pode ser recomendada para a produção de iogurte funcional com elevado teor de microrganismos probióticos e de tiamina e riboflavina.

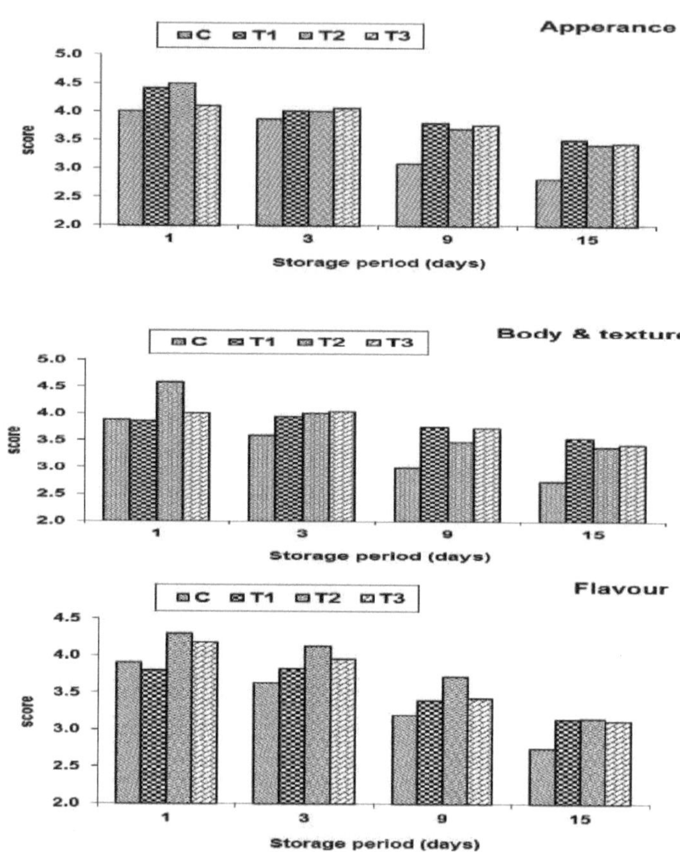

Fig. 13: Propriedades sensoriais durante o armazenamento do iogurte de controlo e outros tratamentos de iogurte armazenados a 7 ±2°C durante 15 dias.

Capítulo 5

5. Resumo e conclusões

O objetivo deste estudo foi explorar o estado do conteúdo de algumas vitaminas, nomeadamente retinol, β-caroteno, α-tocoferol, tiamina, riboflavina e piridoxina em produtos lácteos do mercado egípcio. Além disso, estudar o efeito da estabilidade de armazenamento da tiamina, riboflavina e piridoxina no leite UHT gordo e desnatado a diferentes temperaturas (temperatura ambiente, armazenamento a frio). Além disso, foram desenvolvidos e utilizados métodos de cromatografia líquida de alta pressão (HPLC) para a determinação das vitaminas estudadas no leite e nos produtos lácteos, utilizando culturas de arranque para aumentar as vitaminas B anteriormente mencionadas no iogurte fabricado.

Este estudo divide-se em quatro partes

Parte I: Determinação simultânea por HPLC de retinol, α-tocoferol e β-caroteno em produtos lácteos comercializados.

Nesta parte, seis amostras aleatórias de mercado de cada leite gordo UHT, queijo fundido, queijo Ras, queijo de pasta mole, leite gordo em pó e manteiga de leite de búfala foram analisadas quanto aos teores de retinol, β-caroteno e α-tocoferol, utilizando dois métodos de saponificação e extração (1-Saponificação a alta temperatura 80°C/30min 2-Saponificação à temperatura ambiente).

Os resultados obtidos podem ser resumidos da seguinte forma:

1- O retinol e o β-caroteno não foram detectados na maioria das amostras de leite UHT, queijos e leite desidratado, mas o α-tocoferol foi recuperado em quase todas as amostras quando se utilizou o método de saponificação e extração 1st .

2- O retinol e o β-caroteno foram detectados em todas as amostras, enquanto o α-tocoferol não foi detectado em muitas amostras quando se utilizou o método de saponificação e extração 2nd .

3- O teor de retinol do leite UHT do mercado local variou muito, com um valor médio de 68,2 μg /100ml. Este valor está dentro da gama de conteúdo de retinol do leite UHT relatado em outros estudos, enquanto a média do conteúdo de α-tocoferol e β-caroteno das amostras UHT no presente estudo foi menor em comparação com o relatado em outros estudos.

4- As amostras de queijo fundido do mercado apresentaram um teor médio de retinol de 241,1 μg/100g, calculando o teor de retinol por grama de gordura o queijo fundido sendo muito inferior ao encontrado para o teor de retinol do leite UHT, o teor médio de β-caroteno dos queijos fundidos foi de 10,4 μg /100g sendo superior ao encontrado no UHT na base de gordura, para o α-tocoferol o queijo fundido apresentou uma média de 49,8 μg/100g sendo inferior ao encontrado no UHT na base de teor de gordura.

5- O teor médio de retinol do queijo Ras comercializado foi de 161,1 μg/100g, e o teor de retinol por grama de gordura teve uma média de 4,9 µg^ de gordura, sendo muito inferior ao encontrado no leite UHT, A média dos teores de α-tocoferol e β-caroteno foi de 134,3 µg/100g e 12,8 µg/100g, respetivamente, sendo inferior ao relatado em outros estudos.

6- O teor médio de retinol do queijo de pasta mole foi de 94,9µg/100g, o teor de retinol por grama de gordura teve uma média de 4,9 µg^ sendo muito inferior ao do leite UHT, mas semelhante ao do queijo Ras,As amostras de queijo de pasta mole continham um teor médio de β-caroteno de 6,3 µg/100g e um teor médio de α-tocoferol de 147,9 µg/100g, respetivamente, sendo inferior ao reportado noutros estudos.

7- O teor médio de retinol das amostras de leite em pó encontrado foi de 668,39 µg /100g e na base de gordura teve uma média de 25,0 µg /g, sendo ligeiramente superior ao encontrado nas amostras de leite UHT. As amostras de leite em pó continham teores médios de β-caroteno e α-tocoferol de 50,8 e 729,7 µg/100g, que são muito superiores aos do leite UHT em base de peso seco.

8- O teor médio de retinol da manteiga de leite de búfala foi de 5,74 mg/100 g e, com base na gordura, foi de 67,5 µg /g. Por outro lado, verificou-se que as amostras de manteiga continham uma média de α-tocoferol de 111,6 µg/100g, não tendo sido detectado β-caroteno em todas as amostras de manteiga.

Parte II: Determinação simultânea por HPLC de tiamina, riboflavina e piridoxina em produtos lácteos comercializados.

Nesta parte, quatro amostras de cada leite UHT gordo, leite UHT magro, iogurte, queijo fundido, queijo branco de pasta mole e leite gordo em pó foram analisadas quanto aos teores de tiamina, riboflavina e piridoxina.

Os resultados obtidos podem ser resumidos da seguinte forma:

1- A tiamina e a riboflavina do leite UHT (gordo) e (desnatado) variaram muito com valores médios de 0,3994 e 1,558mg/L e 0,456 e 1,246 mg/L respetivamente, a piridoxina não foi detectada em todas as amostras de leite UHT

2- As amostras de leite em pó comercializado continham um teor médio de tiamina de 3,634 mg/kg, um teor médio de riboflavina de 22,069 mg/kg e um teor médio de piridoxina de 5,228 mg/kg, respetivamente.

3- A média dos teores de tiamina, riboflavina e piridoxina do iogurte foi de 0,115, 1,849 e 0,079 mg/kg, respetivamente. Os teores médios de tiamina e piridoxina nas amostras de iogurte foram inferiores aos registados noutros estudos, mas semelhantes aos registados para o teor de riboflavina.

4- O teor médio de tiamina, riboflavina e piridoxina das amostras de queijo de pasta mole comercializadas foi de 0,310, 5,818 e 2,383 mg/kg, respetivamente. Os teores médios de riboflavina e piridoxina nas amostras de queijo de pasta mole foram superiores aos publicados noutros estudos, mas semelhantes aos registados para o teor de tiamina

5- O teor médio de tiamina, riboflavina e piridoxina das amostras de queijo fundido foi de 1,151, 9,183 e 2,348 mg/kg, respetivamente. Além disso, o teor médio de riboflavina e tiamina no queijo fundido era muito superior ao do queijo branco.

Parte III: Estabilidade de armazenamento da tiamina, riboflavina e piridoxina em leites UHT

Nesta parte do estudo, a estabilidade de armazenamento de tiamina, riboflavina e piridoxina foi seguida em leite UHT gordo e desnatado a diferentes temperaturas (temperatura ambiente, armazenamento a frio).

Os resultados obtidos podem ser resumidos da seguinte forma:

1- O teor médio de tiamina do leite UHT gordo mostrou uma diminuição significativa em 1st mês, 2nd mês e 3rd mês de armazenamento a frio e à temperatura ambiente, após o que a tiamina não foi detectada até ao final do período de armazenamento, enquanto que no leite UHT desnatado o teor de tiamina mostrou uma diminuição significativa em 1st e 2nd mês, após o que o teor de tiamina não foi detectado.

2- O teor médio de riboflavina no leite UHT gordo mostrou um ligeiro decréscimo no teor de riboflavina ao fim de 1st mês e depois não houve perda significativa durante o período de armazenamento. Também no leite UHT desnatado o teor de riboflavina apresentou o mesmo comportamento, não havendo perda significativa durante o período de armazenamento à temperatura ambiente.

3- O teor médio de piridoxina nas amostras de leite UHT gordo diminuiu significativamente até ao final do período de armazenamento à temperatura ambiente, enquanto que nas amostras de leite UHT magro o teor de piridoxina diminuiu de forma insignificante aos 1st e 2nd meses de armazenamento, seguindo-se uma diminuição significativa até ao final do período de armazenamento à temperatura ambiente.

4- O teor médio de tiamina do leite UHT gordo apresentou uma diminuição significativa até ao 3rd mês de armazenamento, após o qual a tiamina não foi detectada até ao final do armazenamento. No leite UHT desnatado, o teor de tiamina diminuiu significativamente no 1st e 2nd mês, mas a tiamina não foi detectada até ao final do período de armazenamento à temperatura do frigorífico.

5- Durante o período de armazenamento à temperatura do frigorífico, os teores de riboflavina das amostras de leite UHT gordo e magro apresentaram uma perda insignificante.

6- O teor de piridoxina nas amostras de leite UHT gordo e desnatado mostrou um decréscimo não significativo no teor de piridoxina no 1º e 2º mês do período de armazenamento e depois um decréscimo significativo no teor de piridoxina até ao final do período de armazenamento à temperatura do frigorífico.

7- Não foram encontradas diferenças significativas entre os teores de tiamina, riboflavina e piridoxina nos leites UHT integral e desnatado armazenados a temperatura ambiente e a baixa temperatura.

Parte IV: Efeito da utilização de culturas adjuvantes nos teores de tiamina, riboflavina e piridoxina no iogurte.

Foram produzidos quatro lotes de iogurte a partir de leite gordo de vaca fresco, fortificado com 2% de leite em pó desnatado, utilizando diferentes fermentos lácteos. Foram adicionadas estirpes mistas de (*S. thermophilus, L. bulgaricus*), (*S. thermophilus, L. bulgaricus,* e *B. bifidum*), (*S. thermophilus, L. bulgaricus,* e *L. plantarum*) e (*S. thermophilus, L. bulgaricus, , B.* bifidume *L. plantarum*) na proporção de 2%, respetivamente, a quatro porções de leite.

Os resultados obtidos podem ser resumidos da seguinte forma:

1- Todas as amostras de iogurte apresentaram uma diminuição significativa do pH no dia 3, após o que as diminuições de pH não foram significativas durante o resto do período de armazenamento. Além disso, não houve diferença significativa no pH do controlo e de todos os tratamentos.

2- Observou-se um aumento gradual dos sólidos totais de todas as amostras de iogurte até ao 15° dia, sendo o aumento significativo apenas no 3° dia entre o controlo e o T1.

3- O controlo apresentou o teor mais baixo de tiamina do iogurte fresco feito com diferentes fermentos, enquanto o T1 apresentou o valor mais alto de tiamina. O teor de tiamina do iogurte dos diferentes tratamentos diminuiu em todos os tratamentos durante o armazenamento.

4- O T1 apresentou o menor teor de riboflavina enquanto o T2 apresentou o maior valor de riboflavina. Durante o armazenamento, o teor de riboflavina do iogurte dos diferentes tratamentos aumentou significativamente durante o restante período de armazenamento, tendo-se verificado uma diminuição insignificante no iogurte de controlo.

5- O T2 apresentou o menor teor de piridoxina no iogurte fresco, enquanto o T1 apresentou o maior valor de piridoxina. Durante o armazenamento, o teor de piridoxina do iogurte dos diferentes tratamentos diminuiu até não ser detectado após 15 dias.

6- No tratamento de controlo verificou-se um aumento das contagens de L. *bulgaricus* e de *S. thermophiles ao* 3° dia, tendo depois diminuído significativamente até ao final do período de armazenamento.

7- Durante o armazenamento, as contagens de *B.* bifidumin T1 diminuíram significativamente, mas as contagens foram mais elevadas do que no final do armazenamento.

8- Em T2 foram encontrados aumentos significativos nas contagens de S. *thermophilus* e L. *plantarum* no dia 3 e nas contagens de *L.bulgaricus no* dia 9.

9- Em T3 foram encontrados aumentos significativos nas contagens de S. *thermophilus, Lbulgaricus* e L. *plantarum* no dia 9 e depois diminuíram, após o que as contagens de *B. bifidum* atingiram um máximo *no* dia 15. Depois disso, foi observada uma diminuição significativa na contagem de S.

thermophilus, L. bulgaricus e *L. plantarum* no dia 15.

10- Não houve diferença significativa na pontuação dos atributos sensoriais em todos os tratamentos comparados com o controlo em diferentes períodos de armazenamento. No entanto, registaram-se reduções significativas na pontuação dos atributos sensoriais no iogurte de todos os tratamentos com armazenamento avançado.

Capítulo 6

6. Referências

Abd El- Gawad, I.A., El-Abd, M.M., Ragab, F.H. e El- Aasar, M.A. (1988). Estudo sobre a vitamina B2 no leite e em alguns produtos lácteos. Egito. J. Food Sci., 16: 175-192.

Abd EL-Tawab,G., Gamal El-Din, A., El-Demerdash, O. e Zedan,M. (1988). Composição química e valor nutritivo do queijo kareish de leite desnatado de búfala. Egyptian J. Dairy Sci., 16: 65-70.

Albaľa-Huľtado, S., Veciana-Nogu'es, M.T., Izquierdo-Pulido, M. e MIarin'e- Font, A.(1997). Determinação de vitaminas hidrossolúveis em leite infantil por cromatografia líquida de alta eficiência. J. Chromatogr.,A 778: 247-253.

Archer, M.C. e Tannenbaum, S.R. (1979). Vitamins. In: "Nutritional and Safety Aspects of Food Processing", (Tannenbaum, S.R., Ed.), Marcel Dekker, Nova Iorque, p. 47.

Baker,H., Frank, O., Be Feingold, S. e Kammetsky, H.A. (1981). Role of placenta in maternal-fetal vitamin transfer in humans. Am. J. Obstet. GynecoL141: 792-796.

Ball, G. F. M. (2006). "Ensaios de vitaminas solúveis em gordura na análise de alimentos. A comprehensive review". Essex: Elsevier Science Publishers Ltd.

Bayomi, S. and Reuter, H. (1985). Thiamine losses during UHT treatment of whole milk. Milchwisseuschaft, 40:713-716.

Biesalski, H.K. e Back, E.I. (2002) . Thiamin, nutritional significance. In: "Encyclopedia of Dairy Sciences" (Roginski, H. e Fuquay, J.W. P.F. Fox, eds) Academic Press, Amsterdam, pp. 2690-2694.

Bilic, N. e Sieber, R. (1988) Determinação por HPLC do retinol e do alfatocoferol no leite cru, pasteurizado e cozinhado. Schweizerische MilchwirtschafttlicheForschung17 :17- 25.

Binkley, N. C. e Suttie, J. W. (1995) . Vitamin K nutrition and osteoporosis. J.Nutr.,125:1812-1821.

Black, C.J. (2007). Estado da metodologia para a determinação de vitaminas lipossolúveis em alimentos, suplementos dietéticos e pré-misturas vitamínicas.AOAC Int. 90: 897-910.

Brattstrom, L., Stavenow, L., Galvard, H., Nilsson-Ehle, P., Berntorp, E., Jerntorp P., Elmstahl, S., e Pessah-Rasmussen, H. (1990).A piridoxina reduz o colesterol e a lipoproteína de baixa densidade e aumenta a atividade da antitrombina III em homens de 80 anos com baixo teor de piridoxal 5-fosfato no plasma. Scand J. Clin. Lab Invest, 50:873-877.

Broche, E., Riel, R., e Vezina, C. (1959). Les Bacterieslactiqueset les laitsfermentes.Rech.Agron.No. 3. Le Conseil des RecherchesAgricoles,Mininstere de Lʼ Agriculture, Quebec.

Bruce, W.R., Furrer, R., Shangari, N., O'Brien, P.J., Medline, A., e Wang,Y. (2003). A deficiência marginal de tiamina na dieta induz a formação de focos de criptas aberrantes (ACF) no cólon de ratos. Cancer Lett . 202:125-129.

Burgess, C.M., Smid, E.J., Rutten, G. e van Sinderen, D. (2006) Um método geral para a seleção de microrganismos de qualidade alimentar produtores de riboflavina. Microb. Cell Fact., 5: 24-33.

Butterworth, C.E. e Bendich, A. (1996) Folic acid and the prevention of birth- defects.Annu. Rev. Nutr.16: 73-97.

Capo-chichi, C.D., Feillet, F., Gue'ant ,J.L., Amouzou, K.S., Zonon, N. e Sanni ,A. l.(2000) .Concentrações de riboflavina e ácidos orgânicos relacionados em crianças com desnutrição proteico-energética. Am. J.Clin.Nutr. 71:978-986.

Capozzi, V., Menga, V., Digesu, A.M., De Vita, P., van Sinderen, D., Cattivelli, L., Fares, C. e Spano, G. (2011).Biotechnological production of vitamin B2-enriched bread and pasta. J. Agric Food Chem. 59:8013-8020.

Champagne, C.P., Tompkins, T.A., Buckley, N.D., e Green-Johnson, J.M. (2010). Efeito da fermentação por culturas puras e mistas de *Streptococcus thermophilus* e *Lactobacillus helveticus* no teor de isoflavonas e vitaminas B de uma bebida de soja fermentada. Food Microbiol, 27: 968-972.

Cheng, C.H., Chang, S.J., Lee, B.J., Lin, K.L. e Huang, Y.C. (2006). Vitamin B6 supplementation increases immune responses in critically ill patients. Eur. J. Clin. Nutr., 60: 1207-1213.

Crittenden, R.G., Martinez, N.R. and Playne, M.J. (2003).Synthesis and utilisation of folate by yoghurt starter culturesand probiotic bacteria.Int. Int. J. Food Microbiol, 80: 217- 222.

Csapo, J., Martin, T. G., Csapo-Kiss, Z.S. and Hhzas, Z. (1996).Concentrações de proteínas, gorduras, vitaminas e minerais no colostro e no leite de suínos desde o parto até aos 60 dias. Int. Dairy J., 6: 881-902.

Csapo,J. Stefler, J. Martin, T. G., Makray, S.eCsapo-Kiss, Z.s. (1995).Composição do colostro e do leite de éguas. Teor de gordura, composição de ácidos gordos e teor de vitaminas. Int. Dairy J., 5: 393-402.

Dave, R. I. e Shah, N. P. (1996) Avaliação de meios para a contagem selectiva de *Streptococcus thermophilus,*

Lactobacillusdelbrueckiisubsp.Bulgaricus,

Lactobacillus acidophilus e *Bifidobacteria.* J. Dairy Sci.,79 : 1529- 1536.

Dave, R. I. e Shah, N.P. (1997). Viabilidade das bactérias probióticas em iogurtes produzidos a partir de culturas de arranque comerciais. Int. Dairy. J., 7: 31-41.

Debier, C., Pottier, J., Goffe, C.H. e Larondelle, Y. (2005). Conhecimentos actuais e comportamentos inesperados das vitaminas A e E no colostro e no leite. Livestock Prod. Sci. 98: 135-147.

DeGomez, Dumm, N.T.,Giammona, A. M. e Touceda, L.A. (2003). Variações no perfil lipídico de pacientes com insuficiência renal crónica tratados com piridoxina. Lípidos Saúde, 2:7-15.

Deguchi Y, Morishita T. e Mutai M. (1985). O valor nutricional e fisiológico de leites fermentados e bebidas lácticas. Agric. Biol. Chem. 49: 13-19.

De Man, J. M. (1978). Possibilidades de prevenção da perda de qualidade do leite induzida pela luz. J. Canadian Inst. Food Sci. Tech., 11: 152-154.

De Man, J. M.(1981). Destruição de vitaminas no leite induzida pela luz. J. Dairy Sci. 64:20312032.

Demel, S., Steiner, I., Washtittl, J. e Kroyer, G. (1990). Chemische und mikrobiologischeUntersuchungenanmikrowellenbehandelter .Milch. Z. Erniihrungswiss, 29: 299-303.

Depeint, F., Bruce, R.W., Shangari, N., Mehta ,R. e Brien, J.O. (2006). Mitochondrial function and toxicity: Papel da família das vitaminas B no metabolismo energético mitocondrial. Chem. Bio. Interações, 163: 94-112.

De Ritter, E. (1982). Effect of processing on nutrient content of food: vitamins. In "Handbook of Nutritive Value of Processed Food, Vol. 1, Food for Human Use", (Rechcigl, M., Jr., Ed.), CRC Press, Inc., Boca Raton, p. 473.

El- Aasar, M. A. (1985). "Estudos sobre algumas vitaminas no leite e em alguns produtos lácteos" Tese de Mestrado, Fac. Agric. Cairo Univ., Cairo, Egito.

Elmadfa, I., Heinzle, C., Majchrzak, D. e Foissy, H. (2001). Influence of a probiotic yoghurt on the status of vitamins B(1), B(2) and B(6) in the healthy adult human. Ann Nutr. Metab., 45: 13-18.

Escriva, A., Esteve, M.J. e Frigola, A. (2002). Determinação de vitaminas lipossolúveis em refeições cozinhadas, leite e produtos lácteos por cromatografia líquida. J. Chromatogr. A, 947:313-218.

Fabian, E., Majchrzak, D., Dieminger, B., Meyer, E. e Elmadfa, I. (2008). Influência do iogurte probiótico e convencional no estado das vitaminas B1, B2 e B6 em mulheres jovens e saudáveis. Ann Nutr. Metab., 52: 29-36.

Farrer, K. H. T. (1955). A degradação térmica da vitamina B-1 nos alimentos. Adv. Food. Res. 6:257.

Fatouh A.S., Singh R.K., Koehler P.E., Mahran G.A. e Metwally A.E. (2005). Propriedades físicas, químicas e de estabilidade das fracções de óleo de manteiga de búfala obtidas por fracionamento seco em várias etapas. FoodChem, 89: 243-252.

Feskanich, D., Weber, P., Willett, W. C. e Rockett, H. (1999). Ingestão de vitamina K e fracturas da anca em mulheres: um estudo prospetivo. Am. J. Clinic.Nut., 69: 74-79.

Ford, J.E., Porter, J.W.G., Thompson, S.Y., Toothill, J. e Edwards-Webb, J.(1969). Effects of ultra-high temperature (UHT) processing and subsequent storage on the vitamin content of milk. J. Dairy Res., 36: 447-453.

Frei, B., England, L. e Ames, B.N. (1989).O ascorbato é um excelente antioxidante no plasma sanguíneo humano. Proc. Acad.Sci.,86:6377-6381.

Friso, S., Girelli, D., Martinelli, N., Olivieri, O., Lotto, V., Bozzini, C., Pizzolo, F., Faccini, G. Beltrame, F.andCorrocher, R. (2004). Low plasma vitamin B-6 concentrations and modulation of coronary artery disease risk. Am. J.Clin.Nutr.79:992-998.

Giovannucci, E. (2005). The epidemiology of vitamin D and cancer incidence and mortality: a review (United States). Cancer Causes and Control, 16:83-95.

Giovannucci, E., Rimm, E. B., Ascherio, A., andStampfer, M. J. (1995). Alcohol,low- methionine- low-folate diets, and risk of colon cancer in men. J. National Cancer Inst., 87: 265-273.

Glass,L. e Hedrick,T.I. (1975). Crescimento bacteriano e teor vitamínico do leite. Leite. Food Technol., 39: 325-332.

Gokttirtik, S., Sezgin, E., Yildirim, Z. e Atamer, M.(2002) . Effects of season on vitamins A and E contents and colour of Turkish butter.Nahrung 46: 54 - 58.

Gourner, F. e Uherova , R. (1980). Alterações vitamínicas no leite esterilizado a temperatura ultra- alta durante o armazenamento. Nahrung 24: 373-379.

Gregory, M. E., Ford, J. E. andKon, S. K. (1958) . The B-vitamin content of milk in relation to breed of cow and stage of lactation. J. Dairy Res.25:447-454.

Gubler, C.J. (1991). Thiamin.In "Handbook of Vitamins".(Machlin, L.J., Ed.), 2nd ed.,Marcel Dekker, Inc., New York, p. 233.

Guneser, O. and Yuceer, K.Y.(2012) . Effect of ultraviolet light on water- and fat-soluble vitamins in cow and goat milk. J. Dairy Sci., 95:6230-6241.

Hall, N.K., Timothy, M., Chapman, H. J., e David B. M. (2010)... Mecanismos antioxidantes do Trolox e do ácido ascórbico na oxidação da riboflavina no leite sob luz. Food Chem, 118: 534-539.

Halver, J. E. (2002).' ' The vitamins" 3rd Ed, Academic Press,New York,USA p.p. 62.

Herrero-Barbudo, M. C., Granado-Lorencio F., Blanco- avarro, I., Olmedilla, A. B. (2005). Retinol, α- e γ-tocoferol e carotenóides em produtos lácteos naturais e fortificados com vitamina A e E comercializados em Espanha. Int. Dairy J., 15: 521-526.

Hewavitharana, A.K., Vanbrakel, A.S. e Harnett, M. (1996). Determinação cromatográfica líquida simultânea de vitamina A, E e β-caroteno em alimentos lácteos comuns. Int. Dairy J., 6: 613-624.

Hiditoglou, M. (1989). Transferência mamária de vitamina E em vacas leiteiras. J. Dairy Sci., 72: 1067-1071.

Hoskin, J. C.e Dimick, P. S. (1979). Avaliação da luz fluorescente no sabor e teor de riboflavina do leite mantido em recipientes retornáveis de galão. J. Food Prot., 42: 105109.

Hulshof, P.J.M., Jansen, T.R. ,Bovenkampy, P.V., e Westz,C.E. (2006). Variação no teor de retinol e carotenóides do leite e produtos lácteos nos Países Baixos. J. Food Comp. Analysis. 19: 67-75.

IDF (2008). Ficha de informação final - Vitaminas. www.idfdairynutrition.org.

Indyk, H. E. e Woollard, D. C. (1995) O teor endógeno de vitamina K1 no leite de vaca: influência temporal da estação do ano e da lactação. Food Chem, 54: 403-407.

Indyk, H., Littlejohn, V. e Woollard, D.C., (1996). Estabilidade da vitamina D3 durante a secagem do leite por pulverização. Food Chem, 57: 283-286.

Jakobsen,J.e Saxholt,E.(2009). Metabolitos da vitamina D no leite e na manteiga de bovino. J. Food Comp. Analysis. 22: 472-478.

Kayden, H.J. and Traber, M.G. (1993). Absorção, transporte de lipoproteínas e regulação das concentrações plasmáticas de vitamina E em humanos. J. Lipid Res., 34: 343-351.

Khattab , A.A. (1991). Estudos sobre algumas vitaminas do complexo B em labneh. Egyptian J. Dairy Sci., 19:231-242.

Khattab , A.A. and Zaki, N.(1986). The changes in niacin, biotin, B_{12} and folic acid during the preparation of kareish and domiati cheeses. Egyptian J. Dairy Sci., 14:165-172.

Kneifel, W., Kaufmann, M., Fleischer, A. e Ulberth, F. (1992). Seleção de fermentos lácteos mesófilos disponíveis no mercado: propriedades bioquímicas, sensoriais e microbiológicas. J. Dairy Sci.,75: 3158-3166.

Kondyli, E., Katsiari, M.C., and Voutsinas, L.P.(2007). Variations of vitamin and mineral contents in raw goat milk of the indigenous Greek breed during lactation.Food Chem., 100: 226-230.

Kwan, A. J., Kilara, A., Friend, B. A. e Shahani, K. M. (1982). Comparative B-Vitamin Content and Organoleptic Qualities of Cultured and Acidified Sour Cream. J. Dairy Sci.65:697-701.

Kwok, K., Shiu, Y., Yeung, C. e Niranjan, K. (1998). Efeito do processamento térmico no conteúdo disponível de lisina, tiamina e riboflavina no leite de soja.J.Sci.Food Agric. 77: 473-478.

Lau, B.L.T., Kakuda, Y. and Arnott, D.R. (1986). Effect of milk fat on the stability of vitamin A in ultra-high temperature milk. J. Dairy Sci., 69: 2052-2058.

LeBlanc, J.G. , Lain, J.E., Juarez, M., Vannini, V., van Sinderen, D., Taranto, M.P. , Font de Valdez, G. , Savoy, G. e Sesma, F.(2011).B-Group vitamin production by lactic acid bacteria - current knowledge and potential applications.J. App. Microbiol.ISSN 1364-5072.

LeMaguer, I. e Jackson, H. (1983). Estabilidade da vitamina A em leites pasteurizados e processados a temperatura ultra-alta. J. Dairy Sci., 66: 2452-2458.

Lichtenstein, H., Beloian, A. e Murphy, E. W. (1961). Vitamina B12: métodos de ensaio microbiológico e distribuição em alimentos selecionados. Home Econ.Res.Rep.13.

Lin, M.Y. e Young, C.M. (2000).Níveis de folato em culturas de bactérias do ácido lático. Int. Dairy J., 10: 409-413.

Ling, E. R. (1963). A Text Book of Dairy Chemistry, Vol. 2, Practical, (3rd Ed.), Chapman and Hall Ltd., London. PP. 58-65.

Marriage,B., Clandinin, M.T. e Glerum, D.M. (2003). Nutritional cofator treatment in mitochondrial disorders. J. Am. Diet Assoc.103:1029-1038.

McCarthy, D. A., Kakuda, Y. e Arnott, D.R. (1986). Estabilidade da vitamina A em leite processado a temperatura ultra-alta. J. Dairy Sci., 69: 2045-2051.

Mestdagh, F.,De Meulenaer, B.,DeClippeleer, J.,Devlieghere, F. e Huyghebaert,A. (2005) Influência protetora de vários materiais de embalagem na oxidação ligeira do leite. J. Dairy Sci. 88: 499-510.

Michaud, D. S., Spiegelman, D., Clinton, S. K. e Rimm, E. B. (2002). Estudo prospetivo de suplementos alimentares, macronutrientes, micronutrientes e risco de cancro da bexiga em homens norte-americanos. Am. J. Epidemiology, 152: 1145-1153.

Mogensen, L., Kristensen, T., Soegaard, K., Jensen, S.K. e Sehested, J. (2012). Alfa-tocoferol e beta-caroteno em alimentos grosseiros e leite em rebanhos leiteiros orgânicos. Livestock Sci., 145: 44-54.

Mohan , M. S. , Jurat-Fuentes , J. L. e Harte, F. (2013). Ligação da vitamina A por micelas de caseína no leite desnatado comercial. J. Dairy Sci., 96:790-798

Mohebbi, M. e Ghoddusi, H. B. (2008). Avaliação reológica e sensorial de iogurtes contendo culturas probióticas. J. Agric. Sci. Technol., 10: 147-155.

Munoz, A., Ortiz, R. e Murcia, M.A.,(1994). Determinação por HPLC das alterações nos níveis de riboflavina no leite e no leite de imitação não lácteo durante o armazenamento refrigerado. Food Chem, 49: 203.

Nohr, D. e Biesalski, H.K. (2009). Vitamins in Milk and Dairy Products: Vitaminas do grupo B. Advanced Dairy Chemistry, 3: Lactose, Water, Salts and Minor Constituents, 3rd ed (Ed P.F.Fox), Chapman & Hall, London pp.591-630.

Oamen,E.E., Hanseu, A.R. and Swattzel,K.R. (1989). Effect of ultra-high temperature steam injection processing and aseptic storage on label water soluble vitamins in milk. J. Dairy Sci.,72: 614-619.

Ollilainen, V., Heinoner, M., Linkola, E., Varo, P. e Koivistionein, P.C. (1989). Carotenóides e retinóides em alimentos finlandeses: produtos lácteos e ovos. J. Dairy Sci., 72:2257-2265.

Pakhlevanyan, M. S. e Erzinkyan, L. A. (1969). Biossíntese de ácido pantoténico, biotina, piridoxina e vitamina B12 por estreptococos.Vopr. Mikrobiol.Akad.Nauk.arm. SSR.4:61(Citado em Dairy Sci. Abstr. 34:827, 1972).

Papachristou, C., Anastasia, B., Irene, C., Efthymia, K., Lazaros, K., e Michael, G. K. (2006) Avaliação do politereftalato de etileno como material de embalagem para leite pasteurizado gordo de qualidade superior na Grécia - Parte II: Armazenamento sob luz fluorescente. Eur. Food Res. Technol. 224:237-247.

Patterson, K. Y., Phillips , K. M. Horst , R. L., Byrdwell , W. C., Exler , J., Lemar , L. E. e Holden, J. M. (2010). Conteúdo e variabilidade da vitamina D em leites fluidos de um

Amostragem a nível nacional do Departamento de Agricultura dos EUA para atualizar os valores na Base de Dados Nacional de Nutrientes para Referência Normalizada. J. Dairy Sci. 93:5082-5090.

Prasad, M. P., Krishna, T. P., Pasricha, S. e Krishnaswamy, K. (1992). Esophageal cancer and diet - a case-control study.Nut. Cancer 18: 85-93.

Pryor, W. A. (1987). O fumo do cigarro e o envolvimento das reacções dos radicais livres na carcinogénese química. Br. J. Cancer55:19 -23.

Rachel, M., R., Kajda, P., e Ryley, J. (1994). The effect of light on the vitamin B, and the vitamin A content of cheese. Die Nahrung 5:527-532.

Reif, G. D., Shahani, K. M., Vakil,J. R. e Crowe, L. K. (1975). Factores que afectam o teor de vitaminas do complexo B do queijo cottage.J. Dairy Sci. 59: 410-415.

Renner, E. (1983) .Milk and Dairy Products in Human Nutrition(4th ed).W-

GmbH,VolkswirtschaftlicherVerlag, Munique, pp. 291-294.

Ritcher,R.L. and Hartman, G.H. (1997) .Penetrometer evaluation of sour cream and yogurt.Cult.Dairy Prod. J. 12: 14-21.

RodasMendoza, B., Morera Pons, S., CastelloteBargallo, A.I. e Lopez-Sabater, M.C.
(2003). Determinação rápida por cromatografia líquida de alta eficiência de fase reversa das vitaminas A e E em fórmulas para lactentes. J.Chromatogr. A, 1018: 197-202.

Ross, A.C. (1992). Estado da vitamina A: Relação com a imunidade e a resposta de anticorpos. PSEBM200:303-320.

Ross, A.C. e Stephensen, C.B. (1996). Vitamina A e retinóides nas respostas antivirais.FASEB J.10 :979-985.

Routray, W. e Mishra, H.N. (2011). Aspectos científicos e técnicos do aroma e sabor do iogurte: A Review.Comprehensive Reviews in Food Science and FoodSafety. 10: 208220.

Rucker, B. R. e Morris, G.J. (1997). Clinical Biochemistry of Domestic Animals, 5th ed, p.p.703:738.

Saffert, A.,Pieper,G. e Jetten, J.(2006). Efeito da transmitância da luz da embalagem no teor de vitaminas do leite gordo pasteurizado.Packag. Technol. Sci., 19:211- 218.

Saffert, A.,Pieper,G. and Jetten, J.(2007). Effect of package light transmittance on vitamin content of milk. Parte 2: Leite integral UHT.Packag. Technol. Sci., 21: 47- 55.

Saffert, A.,Pieper,G. and Jetten, J.(2009) . Effect ofPackage Light Transmittance on the Vitamin Content of Milk, Part 3:Fortified UHT Low-Fat Milk.Packag. Technol. Sci., 22: 31-37.

Saidi, B. e Warthesen, J. J. (1995). Effectof Heat and Homogenization on riboflavinPhotolysis in Milk.Int. Dairy J., 5: 635-645.

Programa SAS (2001) Guia do utilizador do SAS/STAT, Versão 8. Cary, NC: SAS Institute Inc.

Schallmey, M., Singh, A. e Ward, O.P. (2004). Developments in the use of Bacillus species for industrial production. Canadian J.Microbiol, 50: 1-17.

Scholte, H.R., Busch, H.F.M., Bakker, H.D., Bogaard, J.M., Luyt-Houwen, I.E.M. eKuyt, L.P.
(1995) . Riboflavin-responsivecomplex   I
Biochim.Biophys.Ata., 1271:75-83.

Scott, K. J. e Bishop, D. R. (1986). Nutrient content of milk and milk products: vitamins of the B complex and vitamin C in retail market milk and milk products. J. Soc. Dairy Technol, 39:23 - 39.

Scott, K.J. e Bishop, D.R. (1988a). Nutrient content of milk and milk products:vitamins of the B complex and vitamin C in retail cheeses. J. Sci. Food Agric. 43:187-192.

Scott ,K. J. e Bishop, D. R. (1988b). Nutrient content of milk and milk products: vitamins of the B complex and vitamin C in retail cream,ice creams and milk shakes. J.Sci. Food Agric. 43:193-199.

Scott, K.J., Bishop, D.R., Zechalko, A. and Edwards-Webb, J.D. (1984) .Nutrient content of liquid milk I. Vitamin A, D3, C and B complex in pasteurized bulk liquid milk. J. Dairy Res., 51: 31-50.

Shane, B. (2000). Folato, Vitamina B12 e Vitamina B6. In: (MH Stipanuk3ed) Biochemical and Physiological Aspects of Human Nutrition. WB Saunders, Philadelphia, PA, pp. 483-518.

Shmulovich, V.G. (1994). Interrelação dos teores de ácidos gordos insaturados e vitamina E nos lípidos de produtos alimentares. Appl. Biochem.Microbiol., 30: 547-.

Sierra, I. e Vidal-Valverde, C. (2001). Retenção de vitaminas B1 e B6 no leite após aquecimento por micro-ondas de fluxo contínuo e convencional a altas temperaturas. J. Food Prot., 64: 890-894.

Stamberg, O.E. e Theophilus, D.R. (1945). Photolysis of riboflavin in milk. J. Dairy Sci.,28: 269-975.

Tamime, A.Y., Marshall, V.M.e Robinson, R.K. (1995). Aspectos microbiológicos e tecnológicos dos leites fermentados por bifidobactérias. J. Dairy Sci.,62: 151-187.

Terzaghi, B.F. e Sandine, W.E. (1975). Meio melhorado para *estreptococos* lácticos e seus bacteriófagos. App. Microbiol, 29: 807-813.

Traber, M.G. e Sies, H. (1996). Vitamin E in humans: demand and delivery, Annu. Rev. Nutr., 16: 321-330.

Van Wyk,J., Witthuhn, R.C. e Britz, T.J. (2011). Otimização da produção de vitamina B12 e folato por estirpes *de Propionibacteriumfreudenreichii* em kefir. Int. Dairy J., 21:69-74.

Verhoef, P., Stampfer, M.J. andRimm, E.B. (1998). Folate and coronary heart disease. Current Opinion Lipidol, 9: 17-22.

Vidal-Valverde, C., e Redondo, P. (1993) Efeito do aquecimento por micro-ondas no teor de tiamina do leite de vaca. J. Dairy Res., 60: 259-262.

Vidal-Valverde, C., Ruiz, R. e Medrano, A.(1992). Stability of retinol in milk during frozen and other storage conditions, Z. Lebensm. Unters.Forsch. 195:562-571.

Webb, B.H., Johnson, A. H. e Alford, J.A. (1974). Fundamentals of Dairy Chemistry. The AVI publishing company, INC., CT, USA, p. 233.

Whited, L. J., Hammond, B. H., Chapman, K. W. e Boor, K. J. (2002). Degradação da vitamina A e defeitos de sabor oxidados pela luz no leite. J. Dairy Sci., 85: 351-354.

Wigertz, K. e Jagerstad, M. (1993). Análise e caraterização de folatos do leite cru, pasteurizado, tratado com UHT e leite fermentado relacionados com a disponibilidade in vivo, em Bioavailability, 93. Nutritional, Chemical and Food Processing Implications of Nutrient Availability, actas da conferência, parte 2,   maio de 1993, (U.,Schlemmer,Ed.), Bundesforschunganstaltfu' Erna "hrung, Ettlingen, p. 431.

Woollard, D.C. and Edmiston, A.D. (1983).Stability of vitamin A in fortified milk powders during two year storage period. NZ. J. Dairy Sci. Tech., 18: 21-29.

Woollard, D.C. and Fairweather, J.P. (1985).The storage stability of vitamin A in fortified ultra-high temperature processed milk. J. Micronutr. Anal., 1:13-21.

Woollard, D.C. e Indyk, H. (1989) A distribuição de ésteres de retinol no leite e nos produtos lácteos. J.Micronut. Anal., 5: 35-52.

Yasmin,A., Huma, N. Butt, M.S., TahirZahoor, T. e Yasin, M. (2012).Variação sazonal no conteúdo de vitaminas do leite disponível para processamento em Punjab, Paquistão.J.SaudiSoci. Agric. Sci., 11: 99-105.

Zaher, M. e Smith, D.E. (1990). Quantificação da vitamina A em produtos lácteos fluidos: Método rápido de extração de vitamina A para cromatografia líquida de alta eficiência. J.Dairy Sci., 73: 3402-3407.

Zedan, M. A. (1982) "Effect of processing treatment on the nutritive value of white cheese with special reference to some vitamins". Dissertação de Mestrado. Tese, Al-Azhar Univ. Egito.

Zile, M. (2008) .Vitamin A deficiencies and excess.In "Nelson Textbook of Pediatrics"(Ed: R.E., Behrmann, R.M., Kliegman, H.D., B.F., Jenson, Stanton). Filadélfia, WB Saunders Company. 18: 242-246.

Zygoura, R. P., Moyssiadi, T., Badeka, A., Kondyli, E., Savvaidis, I. e Kontominas, M. (2004). Prazo de validade do leite pasteurizado gordo na Grécia: efeito do material de embalagem. Food Chem, 87: 1-9.

yes
I want morebooks!

Buy your books fast and straightforward online - at one of world's fastest growing online book stores! Environmentally sound due to Print-on-Demand technologies.

Buy your books online at
www.morebooks.shop

Compre os seus livros mais rápido e diretamente na internet, em uma das livrarias on-line com o maior crescimento no mundo! Produção que protege o meio ambiente através das tecnologias de impressão sob demanda.

Compre os seus livros on-line em
www.morebooks.shop

Printed by Books on Demand GmbH, Norderstedt / Germany